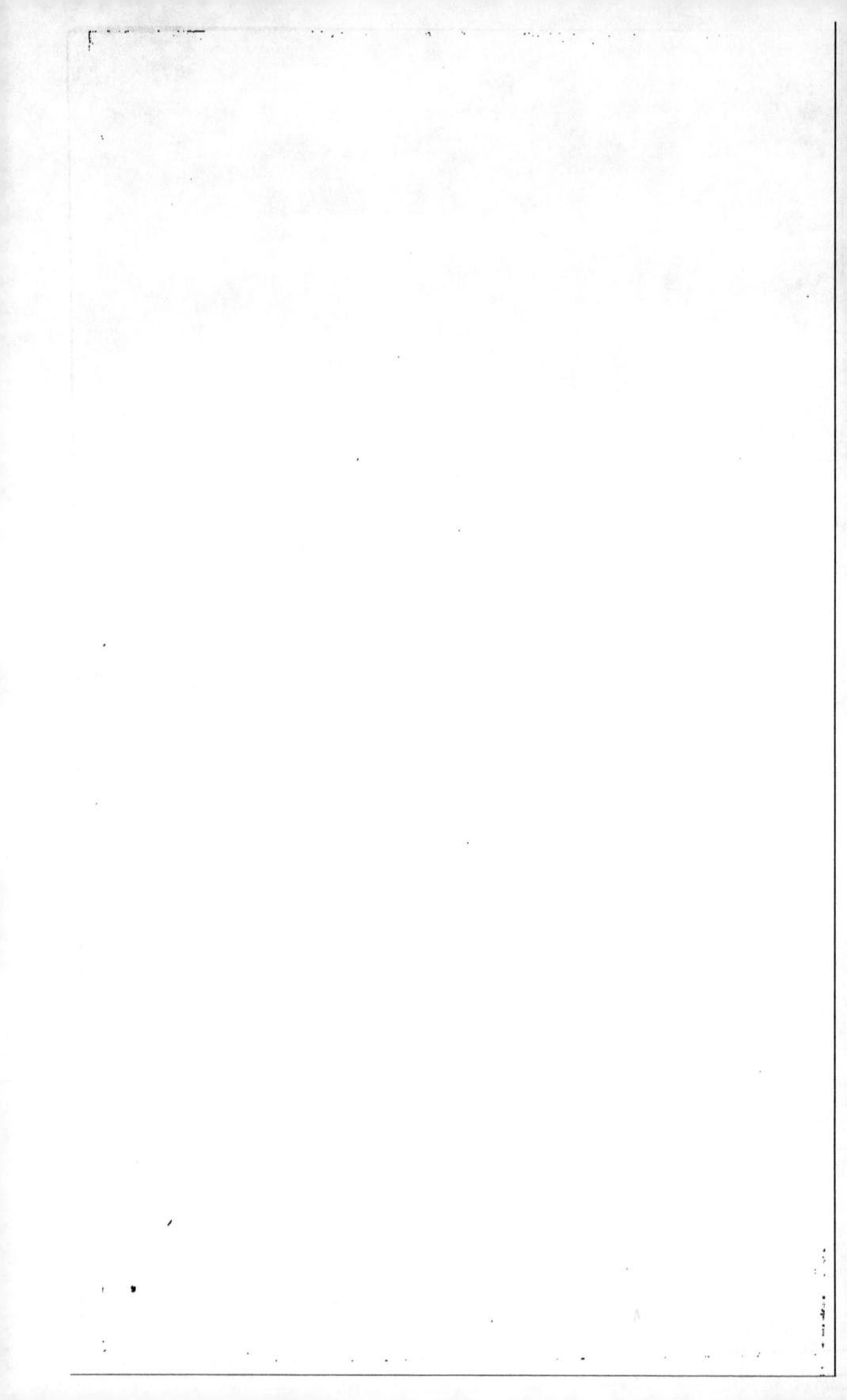

N° 513.

NOUVELLE CLASSIFICATION

DES

NUAGES

SUIVIE

D'INSTRUCTIONS POUR SERVIR A L'OBSERVATION DES NUAGES
ET DES COURANTS ATMOSPHÉRIQUES,

Par ANDRÉ POEY,

Fondateur de l'observatoire physico-météorologique de la Havane.

(Extrait des Annales hydrographiques. — 1872)

Prix : 3 francs.

PARIS,

CHALLAMEL AINÉ,

CONCESSIONNAIRE DE LA VENTE DES CARTES, PLANS ET OUVRAGES
PUBLIÉS PAR LE DÉPÔT DE LA MARINE,
30, rue des Boulangers, et rue de Bellechasse, 27
ET CHEZ SES CORRESPONDANTS EN FRANCE ET A L'ÉTRANGER.

1873

NOUVELLE CLASSIFICATION

DES NUAGES.

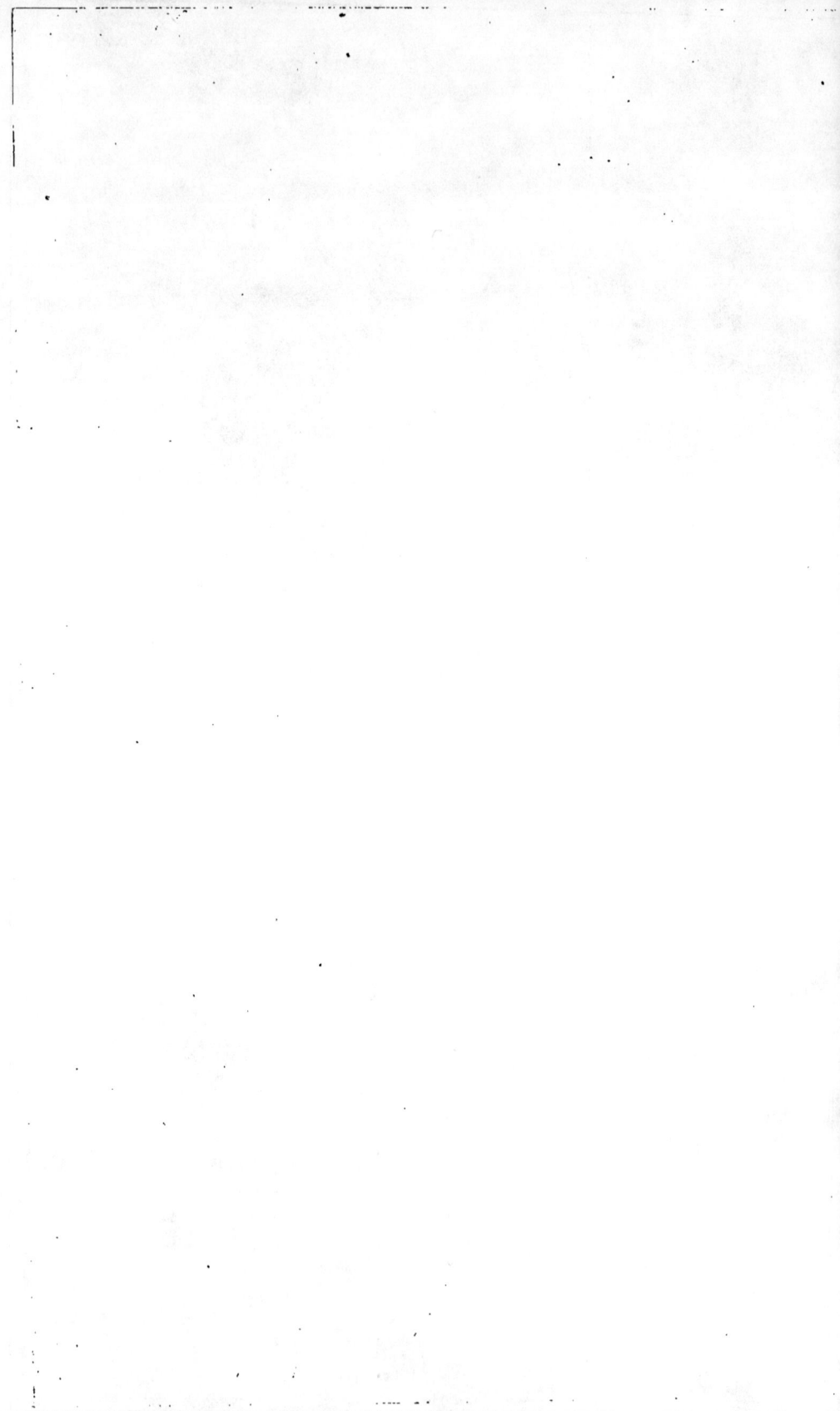

NOUVELLE CLASSIFICATION

DES

NUAGES

SUIVIE

D'INSTRUCTIONS POUR SERVIR A L'OBSERVATION DES NUAGES
ET DES COURANTS ATMOSPHÉRIQUES,

Par André POEY,

Fondateur de l'observatoire physico-météorologique de la Havane.

(Extrait des Annales hydrographiques. — 1872.)

PARIS,

CHALLAMEL AÎNÉ,

CONCESSIONNAIRE DE LA VENTE DES CARTES, PLANS ET OUVRAGES
PUBLIÉS PAR LE DÉPÔT DE LA MARINE,
30, rue des Boulangers et rue de Bellechasse, 127
ET CHEZ SES CORRESPONDANTS EN FRANCE ET A L'ÉTRANGER.
—
1873

TABLE DES MATIÈRES.

ERRATA AU N° 513.

Page 27, ligne 2, *au lieu de* Poëy   *lisez :* Howard.
—   —   3,   —   Howard   —   Poëy.
—   29,   —   8,   —   Poëy   —   Howard.
—   —   9,   —   Howard   —   Poëy.
—   30,   —   14,   —   Poëy   —   Howard.
—   —   15,   —   Howard   —   Poëy.
—   36,   —   26,   —   Poëy   —   Howard.
—   —   27,   —   Howard   —   Poëy.

NOUVELLE CLASSIFICATION DES NUAGES.

SUIVIE D'INSTRUCTIONS POUR SERVIR A L'OBSERVATION DES NUAGES
ET DES COURANTS ATMOSPHÉRIQUES,

Par André POEY,

Fondateur de l'Observatoire physico-météorologique de la Havane.

> Les nuages nous offrent à tout instant l'image
> fidèle d'une boussole céleste, dont la marche
> régulière guide nos pas dans les profondeurs
> de la mécanique terrestre.
>
> POEY.

EXAMEN DES ANCIENNES CLASSIFICATIONS.

Personne n'ignore que l'étude des nuages est, au point de vue de nos besoins pratiques, l'une des plus importantes questions que la météorologie puisse nous présenter. En effet, aucune autre manifestation météorologique ne peut fixer au même point l'attention du bourgeois dans la ville, de l'agriculteur dans la campagne, du touriste sur le sommet des montagnes, du militaire pendant la guerre, du marin dans sa lutte continuelle avec les perturbations de l'atmosphère et de la mer, et, enfin, du savant en général.

Nous voyons partout ces différents éléments de la société observer continuellement les diverses apparences que nous offrent les nuages, et jeter sur eux un regard d'interrogation, d'inquiétude, de désir, de souhait, constamment renouvelé, pour saisir leurs formes et prédire le beau ou le mauvais temps, selon nos besoins sociaux.

C'est surtout quand l'atmosphère menace de quelque per- turbation, telle que pluie, orage ou tempête, que le public examine la nature des nuages. Mais combien de fois, à tout moment du jour, se demande-t-on l'un à l'autre quelle est la température, la chaleur, le froid ou l'humidité, tandis qu'on pense rarement à faire attention aux nuages qui cependant exercent une action ni moins directe, ni moins indirecte sur les variations atmosphériques, tant dans l'état anormal que dans l'état normal.

En outre, chaque pays, suivant sa position géographique, sa topographie, etc., a son type particulier de nuages. Ici le *Cirrus* prédomine, là le *Cumulus*, ailleurs telle ou telle forme qui n'existe pas en d'autres endroits. Toutes ces différentes ap- parences des nuages sont partout intimement liées à quelques conditions climatériques particulières, et ces conditions in- fluent puissamment à leur tour sur la santé, l'agriculture, la navigation, et sur des milliers d'autres intérêts sociaux de l'humanité. Nous pouvons dire que les nuages sont un grand livre de la nature, constamment ouvert à l'étude de toutes les classes de la société. Comme une boussole, les nuages nous montrent à tout instant la direction, la vitesse et l'altitude des courants supérieurs qui ensuite produisent les vents inférieurs à la surface du globe. On a donc une girouette permanente tant que le ciel contient un seul nuage, quelque petit qu'il soit.

C'est par conséquent une nécessité d'entreprendre une étude approfondie des nuages dans les diverses applications qu'en fait la science et la société; de faire des recherches sur la *nature* des nuages, leur *forme*, leur *direction*, leur *vitesse*, et leur *rotation azimutale* correspondant à chaque couche parfaitement caractérisée par l'origine, la constitution intime et les productions météoriques des vapeurs vésiculaires et des particules congelées qui les constituent. Car dans la nature intime des nuages il faut établir une condition fondamentale qui résulte de la force physique agissant immédiatement après la gravitation sur leur constitution : c'est l'léément de *la chaleur*.

En dépit de cet intérêt scientifique, en dépit de ce besoin

pratique que chacun sent, et qui est si universellement reconnu, en dépit de tout cela, l'étude des nuages est encore malheureusement dans son enfance. Il est rare que l'on voie le mot « nuages » inscrit dans les registres météorologiques des observatoires, et quand il y est, l'observateur a totalement négligé de noter leur forme, leur quantité, leur direction, leur vitesse et leur rotation azimutale. Les uns inscrivent simplement « nuages »; d'autres mentionnent la forme ou la qualité, peut-être la direction, ou exceptionnellement ces trois éléments, mais à coup sûr ils négligent la vitesse et surtout la rotation azimutale que le premier j'ai signalée dans les nuages et qui n'est pas encore comprise [1]. Enfin, pas un seul registre ne donne ces cinq éléments pour une couche de nuages, encore moins pour chaque couche distincte de ceux qui très-souvent se montrent superposés dans l'atmosphère.

Depuis la plus haute antiquité les météorologistes sentirent le besoin de distinguer les différentes apparences de nuages; mais ils furent dès le début désorientés par cette grande variété de formes et de transformations subites et désordonnées, qui ne leur parurent point obéir à aucune loi fixe.

Aristote [2], le premier, s'occupa des nuages au point de vue de leurs propriétés optiques pour réfléchir et réfracter la lumière dans la formation des arcs-en-ciel, des halos et des couronnes.

Théophraste[3], son disciple, distingua vaguement les différentes formes de nuages, par rapport aux pronostics des changements de temps. Il remarqua particulièrement l'apparition d'une bande de nuages qui se fixe sur le sommet des montagnes, comme indice certain de vent et de pluie. De nos jours encore ces bandes qui coupent les Cumulus vers leur sommité est un signe terrible pour les marins. Mais toutes ces premières tentatives devaient évidemment échouer, parce que la méthode de classification naturelle n'était pas encore connue du temps d'Aristote.

Ce ne fut qu'en 1801 que le grand naturaliste Lamarck [4] et, un an après, le célèbre météorologiste anglais Luke Howard [5], pressentirent la possibilité de rattacher les nuages à

quelques types fondamentaux , à l'exemple de la classification naturelle établie par Linnée pour les êtres vivants,
et depuis par la phalange des naturalistes. C'est donc à
Lamarck que revient l'honneur d'avoir fixé le premier l'attention des météorologistes sur l'étude de la forme des nuages
et d'avoir tenté une classification. Il distingua six formes principales qu'il nomma nuages en *Balayures*, en *Barre*, *Pom-
melés*, *Groupés*, en *Voile et Attroupés*.

L'année suivante, en 1802, Luke Howard proposa une classification latine des nuages bien plus étudiée que celle de Lamarck. C'est un fait remarquable que ces deux savants, ayant
travaillé indépendamment l'un de l'autre à la classification des
nuages, soient arrivés presque au même nombre de formes fondamentales et surtout à la détermination des mêmes nuages
sous différentes dénominations. C'est ainsi que dans les sept
formes que Howard a établies on retrouve les cinq premières
formes de Lamarck, plus mon *Fracto-cumulus*, ainsi qu'on le
voit ci-après.

Formes de Lamarck :	Formes de Howard :
En balayure.	Cirrus.
En barre.	Cirro-stratus.
Pommelés.	Cirro-cumulus.
Groupés.	Cumulus.
En voile.	Nimbus.

Le *Stratus* de Howard n'étant qu'un brouillard, et son
Cumulo-stratus correspondant tout aussi bien à son *Cumulus*,
dont il a fait un double emploi, on voit combien les cinq
formes de Howard sont au fond analogues à celles de Lamarck.
Si l'on considère en outre que ma nouvelle forme de *Fracto-
cumulus* se rapproche dans la classification de Lamarck de son
nuage *Attroupés*, en y ajoutant maintenant mes deux autres
formes de *Pallio-cirrus* et de *Pallio-cumulus*, qui remplacent
le *Nimbus* de Howard, on aura ainsi la vraie détermination des
nuages que j'ai établie depuis 1865 [6], d'après l'observation
du ciel aux Antilles et indépendamment des systèmes de

Lamarck et de Howard, dont je ne me suis occupé que plus tard pour vérifier ma propre classification.

Les types qui ont servi de base à la nomenclature de Howard furent en général très-heureusement choisis, en ce sens, comme l'observe très-bien Kaemtz, « qu'ils se rattachent à des modifications atmosphériques antérieures, et nous fournissent à la fois des indications précises sur les changements de temps à venir. »

Howard, dans sa classification, qui est principalement basée sur la forme même des nuages, distingua trois modifications simples; voici ses propres expressions :

« The *Cirrus* : Parallel, flexious, or diverging fibres, extensible by increase in any or in all directions. »

« The *Cumulus* : Convex or conical heaps, increasing upward from a horizontal base. »

« The *Stratus* : A widely extended, continuous, horizontal sheet, increasing from below upward. »

From which the two following intermediate modifications are derived : »

« The *Cirro-cumulus* : Small, well defined roundish masses, in close horizontal arrangement or contact. »

« The *Cirro-stratus* : Horizontal or slightly inclined masses attenuated towards a part or the whole of their circumference, bent downward, or ondulated ; separate, or in groups consisting of small clouds having these characters. »

« And finally the two following compound modifications : »

« The *Cumulo-stratus* : The Cirro-stratus blended with the cumulus, and either appearing intermixed with the heaps of the latter or *superadding a widespread structrure to its base.* »

« The *Cumulo-cirro-stratus vel Nimbus* : The rain cloud. A cloud, or system of clouds from which rain is falling. It is a horizontal sheet, above which the cirrus spreads, while the cumulus enters it laterally and from beneath. »

Nous signalons plus bas la fausse interprétation qui a été donnée par tous les auteurs aux descriptions des deux types de nuages de Howard, le Stratus et le Nimbus, puis les défauts de cette nomenclature, ce que nous en rejetons et la nouvelle classification que nous y substituons.

Depuis Howard, aucune autre classification n'ayant été proposée jusqu'ici, voici uniquement les quelques tentatives partielles qui ont été faites à cet égard.

En 1815, Thomas J. M. Forster [7] reproduisit, avec quelques nouvelles remarques, les descriptions de nuages de Howard en ajoutant une nomenclature anglaise de noms vulgaires.

En 1817, A. Müller [8] proposa quelques éclaircissements aux descriptions de Howard, fondées sur les observations qu'il avait faites pendant vingt ans dans le Nord de l'Allemagne, à Vienne, sur les pentes des Alpes septentrionales et méridionales, au bord du Rhin et en France ; mais elles n'affectent en rien la classification de Howard.

En 1832 [9], le célèbre météorologiste Kaemtz [9] détermina une nouvelle forme de nuages sous le nom de *Strato-cumulus* ou nuage de nuit, c'est-à-dire l'inverse du *Cumulo-stratus* de Howard. Mais avant sa mort, M. Kaemtz m'avoua lui-même qu'il n'attachait plus aucune importance à son *Strato-cumulus* et que je pouvais le rayer de la nomenclature des nuages. On verra plus loin mes objections à l'égard de ce nuage.

En 1857 et en 1858, W. S. Jesons [10] publia deux notes sur la forme des *Cirrus* et autres nuages. Il s'efforça de se rendre compte de leur formation par quelques expériences de cabinet qu'il réalisa avec de la vapeur d'eau.

En 1863, l'infortuné amiral Fitz-Roy [11], alors chargé de la direction du département météorologique du Board of Trade de Londres, proposa l'adoption de la terminaison augmentative en *onus* et de la diminutive en *itus* à la nomenclature de Howard, de la manière suivante : de Cirrus il formait *Cirronus* et *Cirritus*, de Cirro-stratus, *Cirrono-stratus*, et ainsi de suite. Non-seulement cette modification ne se rapporte qu'à la plus petite ou plus grande quantité de nuages sans changer la forme primitive, mais encore elle est assujettie à de graves erreurs dans la pratique, sans être pour cela justifiée ni par l'observation, ni par les planches mêmes de Fitz-Roy.

Finalement, dans la séance du 23 février 1863, j'ai présenté à l'Académie des sciences de Paris la description de deux nouveaux types de nuages nommés *Pallium* (*Pallio-*

cirrus et?Pallio-cumulus) et *Fracto-cumulus*, que l'on trouvera plus loin [12].

Quand on songe à l'imperfection de l'ancienne classification de Howard, aux difficultés que l'on éprouve à distinguer chaque couche de nuages avec ses éléments correspondants, et surtout au temps considérable qu'un aide d'observatoire ou qu'un simple particulier doit employer pour obtenir une bonne observation, d'après notre méthode vicieuse actuelle, on est bien moins surpris du peu de progrès qu'une étude aussi importante a dû faire jusqu'ici.

Je dois ajouter un fait capital qui a complétement passé inaperçu : c'est que la classification de Howard, en dehors de son imperfection, a été faussée en ce qui regarde la définition du *Stratus* et du *Nimbus*. Le traité de météorologie de Kaemtz donne la définition suivante du *Stratus*, depuis adoptée aveuglément par tous les météorologistes : « C'est une *bande* horizontale qui se forme au coucher du soleil et disparaît à son lever. » Au contraire, la définition de Howard a toujours été que le *Stratus* « is the lowest of clouds, since its inferior surface commonly rests on the earth or water..... this is properly the cloud of night ; the time of its first appearance being about sun-set. It comprehends all those creeping *Mists* which in calm evenings ascend in spreading *Sheets* (like an inundation) from the bottom of valleys and the surface of lakes, rivers and other pieces of water, to cover the surrounding country. »

La première erreur vient de Howard lui-même qui a appelé un *Mist* un nuage, et la plus grave responsabilité revient à tous ses successeurs qui ont donné, de fait, pour un véritable nuage en forme de *bande horizontale* le brouillard de cet auteur.

Ensuite, en décrivant le *Cirro-stratus*, Kaemtz remarque que « ces nuages forment des couches horizontales qui, au zénith, semblent composées d'un grand nombre de nuages déliés ; tandis qu'à l'horizon, où nous apercevons la projection verticale, on voit une bande longue et fort étroite. »

Ainsi nous aurions une *bande horizontale* pour le *Stratus* et une autre *bande longue et fort étroite* pour le *Cirro-stratus* à l'horizon. Il n'y aurait donc comme marque distinctive entre ces deux bandes, d'après ce savant, que l'heure à laquelle elles apparaissent. Mais, comme les bandes des *Cirro-stratus* sont justement fréquentes au lever et au coucher du soleil, il deviendrait fort difficile de distinguer ces deux ordres de nuages. Il faut encore ajouter que les *Cirrus* et les *Cirro-cumulus* ont une tendance à se disposer suivant des bandes parallèles entre elles, bandes qui peuvent également être confondues à l'horizon avec celles des *Stratus* et des *Cirro-stratus*.

Voilà pour la définition erronée que l'on donne du *Stratus*. Quant à son origine, peut-on, sans faire confusion, donner le nom de *nuage* ou de *Stratus* à un phénomène auquel Howard avait consacré l'expression de *brouillard*? Le seul rapport qui peut exister entre un nuage et un brouillard n'est que dans l'effet premier de la précipitation de la vapeur d'eau dans l'atmosphère et sa condensation plus ou moins intime. Ce n'est que quand le brouillard s'élève à la région habituelle des nuages inférieurs qu'il se condense sous la forme d'un *Fracto-cumulus* ou d'un *Cumulus*, et que la vapeur d'eau visible revêt sa première forme. Jusque-là le brouillard n'est qu'un amas informe de vapeur d'eau, qui se moule pour ainsi dire aux accidents du sol, et des nappes liquides suivant l'état physique permanent ou passager de leur surface.

Cette erreur s'est étendue jusqu'aux différentes planches qui ont été publiées dès 1815 par Thomas J. M. Forster, où cependant le *Stratus* n'est point donné comme une bande, mais plutôt comme un brouillard qui s'élève à l'horizon. Mais cette représentation est également incorrecte, car elle ne donne pas l'idée d'un *Mist* qui couvre la surface du sol.

Déjà en 1820, dans l'ouvrage de Brandes [13], on voit apparaître le *Stratus* comme formant une *bande horizontale*, laquelle a été reproduite en 1840 par Kaemtz, et en 1849 dans les belles gravures des cinq planches de Schübler [14]. Enfin les planches qui furent premièrement publiées par le Smithsonian Institution de Washington [15], reproduites par Maury et par le Dépôt des cartes du ministère de la marine de France [16] pour servir d'instruction aux marins et aux observateurs, ne sont qu'une copie de celles de Kaemtz. Seulement l'édition de Maury contient deux planches, dont la première embrasse les formes simples de nuages, les *Cirrus*, les *Stratus*, les *Cumulus* et les *Nimbus*, et la seconde les formes composées : les *Cirro-cumulus*, les *Cirro-stratus* et les *Cumulo-stratus*, avec quatre *Cirrus* peu variables.

La planche VI de Howard, au contraire, publiée pour la première fois en 1803 dans le Tilloch's *Philosophical Magazine*, représente le *Stratus* comme un *brouillard* qui s'étend au-dessus d'un lac entouré de collines.

Le grand poëte Gœthe, duquel on peut dire qu'aucune question scientifique de son temps n'a pu échapper à la soif insatiable qu'il avait de tout savoir et à l'ardeur de tout observer, a répété et confirmé les observations de Howard. C'est pendant le cours de ses voyages en Bohême qu'il étendit ses recherches à la paléontologie et à la météorologie. Une longue dissertation sur les états du ciel résume quelques-uns de ses travaux à l'observatoire de Weimar. Eh bien, n'est-il pas humiliant pour les météorologistes *ex professo* de penser que l'auteur de *Faust* a, plus fidèlement qu'eux, interprété le *Stratus* de Howard? Gœthe le considéra non plus comme un nuage, mais comme un véritable brouillard, à l'exemple du météorologiste anglais. Voici ses propres paroles en parlant du Stratus : « Lorsque, du tranquille miroir des eaux, un *brouillard* s'élève et se déploie en plaine unie, la lune, associée à l'ondoyant phénomène, paraît comme un fantôme créant des fantômes : alors, ô nature, nous sommes tous, nous l'avouons, des enfants amusés et réjouis ! Puis, s'il s'élève contre la montagne, rassemblant couches sur couches, il assombrit au loin la moyenne région, disposé à tomber en pluie, comme à monter en vapeur. » Ainsi, tout y est : le brouillard, le miroir des eaux et la plaine décrits et figurés par Howard dans sa planche VI. L'ingénieuse remarque de Gœthe, où le brouillard est « disposé à tomber en pluie, comme à monter en vapeur, » prouve encore qu'il avait bien le sentiment intime que le Stratus de Howard n'était qu'un brouillard pouvant se constituer en nuage à une plus grande hauteur, ainsi que c'est réellement le cas. L'étude de la classification de Howard inspire à Gœthe des vers bizarres, mais d'une parfaite exactitude sur la forme des nuages. Il peint le brouillard qui s'élève de la surface des eaux, s'allonge sur le flanc des montagnes en bandes immenses (le *Stratus*) et se forme en nuages. Cette masse imposante s'élève et s'arrête en sphère magnifique (le *Cumulus*). Une noble impulsion la fait monter toujours davantage et un amas floconneux, pareil à des moutons bondissants (les *Cirro-cumulus*), multitude légèrement peignée (les *Cirrus*), s'écoule enfin sans bruit dans le giron et dans la main du père. Et ce qui s'est amassé là-haut, attiré par la force de la terre, se précipite aussi avec fureur en orages, se déploie et se disperse comme des légions (le *Nimbus*). Ces formes changent et revêtent tour à tour les aspects les plus singuliers; ici un lion, là un éléphant, ailleurs la silhouette d'une forme humaine : un souffle d'air dissipe ces apparitions éphémères. Gœthe ajoute, comme *bon à observer :* « Si donc le peintre, le poëte familiarisé avec l'analyse de Howard, aux heures du matin et du soir, contemple et observe l'atmosphère, il laisse subsister le caractère, mais les mondes aériens lui donnent les tons suaves, nuancés, pour qu'il les saisisse, les sente et les exprime [17]. »

Outre l'erreur d'interprétation qui a été commise sur la nature du *Stratus* de Howard, nous allons parler d'une autre erreur qui s'est propagée jusqu'ici quant au *Nimbus* du même météorologiste.

Voici premièrement la définition de Kaemtz, que tous les météorologistes modernes ont adoptée : « Lorsque les *Cumulus* s'entassent et deviennent plus denses, cette espèce de nuages passe à l'état de *Cumulo-stratus* qui revêtent souvent à l'horizon une teinte noire ou bleuâtre, et qui passent à l'état de *Nimbus* ou nuage pluvieux. Celui ci se distingue par sa teinte d'un gris uniforme et ses bords frangés ; les nuages qui le composent sont tellement confondus, qu'il devient impossible de les distinguer. »

Ainsi, le seul caractère primordial et distinctif qui ressort de cette définition est celui de *nuage pluvieux*, et dès lors on appellera un *Nimbus*, comme on a fait jusqu'ici, tout nuage *pluvieux*. Ses caractères secondaires seraient : 1° une teinte d'un gris uniforme ; 2° ses bords frangés; 3° une confusion de tous les nuages dont il se compose. Tout cela ne donne aucune idée de l'élément le plus essentiel, à savoir la *forme réelle* du nuage pluvieux.

Bien que la définition de Kaemtz et des autres auteurs ne soit point celle de Howard, cet observateur n'en donne pas une plus intelligible et plus nette. On voit qu'il pressent la formation du nuage pluvieux, mais il ne paraît pas avoir une opinion très-arrêtée quant à sa description. Je veux parler de la *double couche superposée*, l'inférieure formée de *Cumulus*, qu'il désigne, et la seconde couche supérieure de *Cirrus*, dont l'existence a été par lui vaguement pressentie.

Voici du reste sa définition : « *Cumulo-cirro-stratus* vel *Nimbus*. Def. *Nubes vel nubium congeries* (superne cirrata) *pluviam effundens.* »

« The Rain cloud. A cloud, or system of clouds from which rain is falling. It is a horizontal sheet, above which the *Cirrus* spreads, while the *Cumulus* enters it laterally and from beneath. »

Dans d'autres passages isolés tirés de sa longue description du *Nimbus*, l'idée de cette double couche ressort encore mieux. « Clouds in any one of the preceding modifications may increase so as completely to obscure the sky. Before this effect takes place, there exists *at a greater altitude* a thin light *veil*, or at least a hazy turbidness. When this has considerably increased, we see the lower clouds spread themselves, till they unite in all points and form one *uniform sheet* : It will rain during this state of the *two Strata* of clouds, one passing beneath the other, and each continually tending to horizontal uniform diffusion (the *superior stratum* is often seen, in this case, to partake of the cirrus) ; although they should be separated by an interval of many hundred feet in elevation. The intermediate space, on these occasion, is not supposed to be at any time free from a conducting medium of diffused watery particles, enabling the opposite electricities to neutralize each other. »

On voit de suite que cette description de Howard du *Nimbus* n'a aucun rapport avec celle donnée par Kaemtz et les auteurs modernes : « d'un nuage d'une forme indéterminée qui serait d'après ceux-ci censé avoir la propriété de produire la pluie. » Ce n'est la propriété d'aucun nuage isolé de produire la pluie, excepté dans quelques cas très-excep-

tionnels peu étudiés jusqu'ici ; mais elle est produite par
l'action et la réaction électrique, sur la vapeur d'eau, *de deux
couches de nuages superposées,* l'une supérieure de *Cirrus* élec-
tro-négatifs, et l'autre inférieure de *Cumulus* électro-positifs.
C'est cette dernière circonstance que Howard n'a pas bien
établie d'une manière générale. Toutes les planches qui ont
été publiées, sans excepter celle de Howard, ne donnent aucune
idée de cette double couche qui constitue l'une et l'autre le nuage
pluvieux, le *Nimbus* de Howard, ou plus proprement notre
Pallium (*Pallio-cirrus* et *Pallio-cumulus*).

Nous allons maintenant signaler les erreurs également inhérentes aux trois ordres de nuages nommés *Cumulus, Cumulo-
stratus* et *Strato-cumulus,* et faire voir qu'ils se réduisent
tous au second type de Cumulus. On remarque premièrement
une grande confusion, ou soit une grande similitude entre les
Cumulus et les *Cumulo-stratus,* puis on observe dans le ciel
d'autres *Cumulus* dont les caractères ne participent plus
d'aucun de ces deux types. Je prendrai pour exemple les définitions de M. Kaemtz qui font loi dans l'enseignement.

M. Kaemtz dit : « Le *Cumulus* se montre souvent sous la
forme d'une moitié de sphère, *reposant sur une base horizontale.*
Quelquefois ces demi-sphères s'entassent les unes sur les
autres, et forment ces gros nuages accumulés à l'horizon, qui
ressemblent de loin à des montagnes de neige. »

Et pour le *Cumulo-stratus :* « Lorsque les *Cumulus* s'entassent et deviennent plus denses, cette espèce de nuage passe
à l'état de *Cumulo-stratus,* qui reflètent souvent à l'horizon
une teinte noire ou bleuâtre, et passent à l'état de *Nimbus* ou
nuage pluvieux. »

Ainsi, il suffit que les *Cumulus* s'entassent et deviennent *plus
denses* pour se transformer en un *Cumulo-stratus,* ce qui impli-
que forcément un plus grand développement dans la base
horizontale, laquelle n'est pas même mentionnée, bien qu'elle
soit un des caractères essentiels de ce type de nuage. Au contraire, cette base horizontale est expressément signalée dans la
définition du *Cumulus* de Kaemtz.

En un mot, trois points fondamentaux se retrouveraient
également dans la formation des *Cumulus* et des *Cumulo-stratus*

1° une base horizontale ; 2° une coupe supérieure hémisphérique ; 3° une formation en aggrégation ascendante. Les points de divergence ne reposeraient plus à l'égard des *Cumulo-stratus* que sur l'irrégularité de la base et des sommités convexes et de l'aggrégation ascendante ; sur une plus grande densité et une coloration noirâtre et un rapprochement plus complet de leur masse isolée à l'instar d'une cordillère. Ces différences sont tellement accidentelles et insignifiantes que Howard et Forster ne peuvent plus les distinguer dans leurs définitions, et qu'ils sont forcés souvent d'avouer que ces caractères se retrouvent de part et d'autre à tel point qu'on les confond entre eux facilement. On voit qu'il n'y a plus de raison pour continuer à établir une séparation radicale et une double dénomination attachée à deux formes de nuages qui sont au fond d'une même nature et dont les modifications légères ne sont pas même constantes.

Il serait donc préférable et plus exact de conserver la dénomination unique de *Cumulus* pour ce second type qui embrasserait à la fois les deux formes caractéristiques du nuage, d'une part accumulation des hémisphères, et de l'autre part sa base horizonale qui en est toujours inséparable.

Passons aux *Strato-cumulus* de Kaemtz dont voici la description : « Ils se composent de masses nuageuses denses, arrondies ou étendues, à bords mal circonscrits qui apparaissent dans l'après-midi, augmentent vers le soir jusqu'à ce que le ciel se couvre complétement pendant la nuit, disparaissent le lendemain, quelques heures après le lever du soleil, et sont finalement remplacées par les vrais *Cumulus*. Ces *Strato-cumulus* sont composés de vapeur vésiculaire très-dense, comme les *Cumulus* et les *Cumulo-stratus*. Ils en diffèrent par leur dépendance des heures de la journée ; ils ont aussi de l'analogie avec les *Stratus*, à cause de leur extension, et s'en distinguent par leur plus grande hauteur. Toutefois, ils s'en rapprochent plus que des Cumulus. Pendant l'hiver les *Strato-cumulus* couvrent souvent tout le ciel pendant des semaines entières. Mais à mesure que le soleil s'élève, ses rayons dissolvent ces nuages, les vapeurs montent, et des *Cumulus* se forment. »

On aperçoit de suite dans la définition du *Strato-cumulus*

de Kaemtz la même confusion que dans la description du *Cumulo-stratus* de Howard, que nous avons signalée plus haut. Ces
termes de masses nuageuses *arrondies* ou *étendues*, ou encore
à *bords mal circonscrits* embrassent précisément trois expressions qui s'excluent mutuellement, de sorte qu'il est impossible
de savoir la vraie forme du nuage, car si les masses nuageuses
sont *arrondies*, elles ne sont plus *étendues* dans le sens
de Kaemtz et bien moins ont-elles des *bords mal circoncrits*.
Quant à la constitution physique du *Strato-cumulus*, elle est la
même, d'après Kaemtz, que celle des *Cumulus* et des *Cumulo-
stratus*, c'est-à-dire composée de vapeur vésiculaire très-dense.
« Enfin les *Strato-cumulus* se rapprochent des *Stratus* par leur
extension, mais s'en éloignent par leur plus grande hauteur. »
J'ai déjà dit que l'on ne pouvait comparer le *Strato-brouillard*
à aucune forme de nuage. Il ne reste donc plus que l'heure
de l'apparition et de la disparition des *Strato-cumulus*, qui
paraît être la distinction fondamentale qu'à voulu établir
Kaemtz, et qui les séparent des *Cumulus* et des *Cumulo-stratus*,
ainsi que leur permanence en hiver pendant des semaines entières ; en un mot les *Strato-cumulus*, pour Kaemtz, seraient les
nuages de la nuit et de l'hiver qui prédomineraient le plus
souvent pendant l'absence des rayons solaires et se dissou-
draient à l'approche du soleil.

A cette dernière circonstance nous ferons remarquer que la
distinction de nuages de nuit, qu'a établie Kaemtz de même
que Howard, ne paraît avoir aucun fondement, et pour mon
compte je n'ai jamais pu m'en apercevoir. C'est tellement ainsi
que ces deux savants ne sont nullement d'accord à cet égard, ce
qui a donné lieu à la nouvelle variété de Kaemtz. Il s'ensuit
que le nuage de nuit, pour Kaemtz, est le *Strato-cumulus*, tandis
que pour Howard c'est le *Stratus*. D'un autre côté, le *Stratus*
n'étant pas un véritable nuage, suivant Howard lui-même, mais
uniquement un *brouillard* ou une *gelée blanche*, la distinction
entre le nuage de nuit et le nuage de jour devient complète-
ment superflue. Je terminerai enfin cet examen sur la preuve
de la non-existence du *Strato-cumulus* en rappelant que Kaemtz
m'avait avoué lui-même avant sa mort, sans que nous fussions
entrés en discussion, qu'il n'attachait plus aucune impor-

tance à son nuage de nuit, et m'autorisa à le rayer de la nomenclature de Howard.

BASE DE LA NOUVELLE CLASSIFICATION.

Nous allons maintenant présenter la base d'une nouvelle
classification, plus en harmonie avec les données actuelles de
la science, et qui est le fruit de vingt années d'études assidues
des nuages dans les Antilles, au Mexique, aux États-Unis et
en Europe. Depuis le commencement de mes études météorologiques à la Havane, ville située sous les tropiques, où l'ensemble des phénomènes atmosphériques affecte une extrême
simplicité en raison de leur surprenante régularité, régularité
qui disparaît à mesure qu'on s'approche des latitudes plus
élevées, depuis cette époque, dis-je, j'ai senti de plus en plus
la nécessité de réformer la nomenclature de Howard. Pendant
longtemps je fus incapable de comprendre les quatre formations de nuages, que je suis arrivé à rejeter, savoir : le *Stratus*,
le *Nimbus*, le *Cumulo-stratus* (forme différente du *Cumulus*)
et le *Strato-cumulus*. Ce ne fut que plus tard que, ayant pu
consulter l'ouvrage original de Howard, j'aperçus les erreurs
dans lesquelles étaient tombés Kaemtz et tous les météorologistes. J'ai donc à introduire dans la classification de Howard
les modifications essentielles que les progrès continus de la
météorologie demandent aujourd'hui, afin que la nomenclature
puisse être plus en harmonie avec nos nouvelles conquêtes. Je
reconnais, avec plaisir, que la classification des nuages de
Howard, qui a régné sans rivale pendant plus d'un demi-siècle
(depuis 1802), était dans l'origine basée sur une étude approfondie, dirigée par une grande perspicacité dans l'observation
des faits. Mais malheureusement elle porte trop bien le cachet de la seule localité où Howard poursuivit ses travaux. Je
veux parler du ciel gris et nuageux de la Grande-Bretagne, d'où
nous viennent son *Strato-brumeux* (*Strato-mist*), sa distinction
imparfaite des deux nuages *Cirrus* et *Cumulus*, qui constituent
son *Nimbus* (nuage de pluie), la différence qu'il a établie entre le
Cumulus et le *Cumulo-stratus*, sans compter bien d'autres détails

de description qui sont erronés et qui se rapportent au Cirrus, et au Cirro-cumulus.

Voici la raison d'être de mes trois nouveaux nuages. Lorsque certains nuages sont étendus d'une façon uniforme, voilent tout le ciel et prennent une teinte grise ou cendrée, état atmosphérique durant lequel la pluie peut tomber pendant des heures et des journées entières, quel nom donnerons-nous à ces nuages ? Ce ne sont pas les *Nimbus* de Howard, tels que nous les concevons et comme on les décrit généralement. Ce ne sont pas non plus des nuages d'orage, car ils n'ont pas les manifestations électriques, et ils produisent seulement une pluie plus ou moins fine et continue. Sous cette couche, car c'est une vraie couche, nous voyons constamment d'autres nuages plus ou moins considérables, mais toujours isolés, venir se fondre, augmenter d'épaisseur et former une nouvelle couche inférieure. Au contraire, avant que cette dernière couche commence à se déchirer, et pendant qu'elle le fait, nous voyons ces mêmes fragments sans forme se détacher et s'envoler vers d'autres régions. Cette couche inférieure n'est pas seule, car lorsqu'elle est rompue, nous voyons à travers elle une autre couche supérieure plus blanche et moins dense qui se déchire à son tour et finit par disparaître en sens contraire de la première couche inférieure. Avons-nous un nom pour cette variété de nuages, si commun en temps de pluie, depuis les régions intertropicales jusque par les hautes latitudes, surtout en hiver quand il neige ? Est-ce que le *Nimbus* d'Howard et la description qu'il en fait se rapportent à cette sorte de nuage ? Non, certainement. On appelle indifféremment *Nimbus*, le nuage d'orage isolé, cette couche inférieure, ou encore les deux couches réunies, et tout cela sans qu'il y ait de manifestations électriques. C'est là ce que j'appelle *Pallium*, c'est-à-dire que je désigne ainsi ces couches, dont la supérieure, formée de Cirrus, constitue le *Pallio-cirrus*, et dont l'inférieure, formée de *Cumulus*, constitue le *Pallio-cumulus*. Les fractions de nuages qui diffèrent complétement des *Cumulus* ou des *Cumulo-stratus* sont mes *Fracto-cumulus*.

Nous voyons d'après cela la nécessité de distinguer ces deux couches par des noms différents ; le nom unique de Nimbus donné par Howard ne le faisait pas, bien qu'on lui accorde une très-grande exactitude dans ses descriptions, exactitude qu'il est loin de posséder. Cette nécessité résulte d'ailleurs du fait que la couche de *Cirrus* se forme des heures, et même des jours, avant celle des *Cumulus*, surtout dans les régions équatoriales, et enfin que cette dernière disparaît la première. Sans cette distinction nous sommes obligés d'appeler *Cirrus* la première couche, et *Cumulus* la seconde, mais comme sous cet état de couches, la forme et les propriétés physiques des *Cirrus* et des Cumulus changent complétement, il s'ensuit que tous les jours il y a confusion et qu'on commet des erreurs.

Quant à la classification de Howard dans son ensemble, tout en conservant les deux types *Cirrus* et *Cumulus*, et leurs deux dérivés, *Cirro-stratus* et *Cirro-cumulus*, je rejette totalement son *Stratus*, son *Nimbus*, et son *Cumulo-stratus*, ainsi que le *Strato-cumulus* de Kaemtz, pour les raisons suivantes : Le *Stratus*, parce que ce n'est pas (d'après Howard) un nuage proprement dit, mais un brouillard (*mist*) ou une gelée blanche (*hoar-frost*), ou bien encore, par l'effet d'une illusion d'optique, un *Cirrus*, un *Cirro-stratus* ou un *Cirro-cumulus*, tels que la perspective les montre à l'horizon ;

Le Nimbus, par la raison que c'est une dénomination inexacte appliquée d'ailleurs à une idée aussi vague que fausse, du moment que le *Cumulus* n'est réellement pluvieux que lorsqu'on le trouve étendu et formant une couche épaisse en regard et au-dessous d'une seconde couche supérieure de *Cirrus*, également pluvieuse ;

Le Cumulo-stratus, parce qu'il ne diffère en rien du *Cumulus*, selon les propres définitions de Howard ; les trois caractères fondamentaux du nuage-type étant communs à ces deux formes, savoir : leurs bases horizontales, leurs coupes supérieures hémisphériques, et l'aggrégation ascendante de leurs particules aqueuses ;

Enfin je rejette le *Strato-cumulus* (nuage de nuit de Kaemtz), parce que cette variété n'a aucun rapport avec les nuages de nuit, pas plus que le Stratus de Howard, et parce que, au contraire, ses autres traits caractéristiques correspondent au *Cumulo-stratus* ou plus exactement au *Cumulus*.

D'un autre côté, je substitue au *Nimbus* le *Pallium*, que je subdivise en *Pallio-cirrus* et en *Pallio-cumulus*, suivant que ses couches sont formées de *Cirrus* ou de *Cumulus*. Cette appellation a le triple avantage de réunir le genre, la forme et l'effet, c'est-à-dire de montrer que ce sont des *Cirrus* ou des *Cumulus* qui forment une couche pluvieuse. J'introduis enfin la détermination d'une seconde forme transitoire qui me paraît pouvoir être rigoureusement distinguée des précédentes sous le double rapport de l'origine et de l'effet. Ce sont les *Fracto-cumulus*, fractions de nuages qui errent sans forme déterminée avant leur transformation en *Cumulus* (ou *Cumulo-stratus*), qui se précipitent ou se détachent de la surface inférieure de la couche de Pallio-cumulus, et qui enfin se répandent en bandes horizontales au sommet des *Cumulus* à l'approche des coups de vent. Ces *Fracto-cumulus* diffèrent des *Cumulus* en ceci : ils n'ont ni la base horizontale ni la coupe supérieure hémisphérique tant qu'ils ne sont pas très-étendus; mais dès qu'ils s'agrandissent un peu, on voit de suite se former au centre de la fraction un espace plus dense et plus noirâtre que le reste, qui s'abaisse graduellement jusqu'à ce qu'il constitue la base horizontale du *Cumulus* (*Cumulo-stratus*), et la partie supérieure s'arrondit aussi par degrés. Ainsi le *Fracto-cumulus* est l'enfance du *Cumulus*, autrement appelé *Cumulo-stratus*, deux noms qui sont synonymes.

Cette nouvelle classification est entièrement basée sur la *nature* des nuages, sur leur *forme*, leur *quantité*, leur *direction*, leur *vitesse* et leur *rotation azimutale*, et correspond à chaque couche parfaitement caractéristique des vapeurs vésiculaires et des particules congelées qui les constituent. Car dans la nature interne des nuages il y a à établir une condition fondamentale qui repose sur la force physique agissant tout d'abord sur leur constitution ; c'est l'élément de la *chaleur*. Les nuages, par conséquent, se distinguent en *nuages de glace* et en *nuages de neige*, suivant que leurs parties constituantes sont plus ou moins congelées, puis en *nuages de vapeur aqueuse*, dont les vésicules, vides ou pleines, flottent dans un certain milieu au-dessus du point de congélation.

En les envisageant à ce point de vue fondamental il n'y a, à proprement parler, que deux types de nuages, les *Cirrus* et les *Cumulus*. Au *Cirrus* se rattachent trois formes transitoires : le *Cirro-stratus*, le *Cirro-cumulus*, et le *Pallio-cirrus*. Au *Cumulus* se rattachent les deux autres formes transitoires : le *Pallio-cumulus* et le *Fracto-cumulus*.

Voici la table de ma nouvelle classification des nuages comparée à celle de Howard :

NOUVELLE NOMENCLATURE DE POEY.	ANCIENNE NOMENCLATURE DE HOWARD.
Premier type : *Cirrus*. . ⎫ Nuages de	Premier type : *Cirrus*.
⎧Cirro-stratus. . ⎫ glace.	Dérivés. ⎧Cirro-stratus.
Dérivés.⎨Cirro-cumulus .⎬ Nuages de	⎩Cirro-cumulus.
⎩Pallio-cirrus . .⎭ neige.	Second type : *Cumulus*.
Second type : *Cumulus*.⎫Nuages vési-	Dérivé : Cumulo-stratus.
⎧Pallio-cumulus .⎬ culaires de	Troisième type : *Stratus*.
Dérivés.⎨ ⎬ vapeur	Dérivé des trois types : *Nimbus*.
⎩Fracto-cumulus⎭ aqueuse.	

Ma nomenclature paraîtra probablement plus d'accord avec la nature des nuages, en ce sens que les deux types, *Cirrus* et *Cumulus*, sont rigoureusement basés sur la constitution des nuages de glace ou de neige et des nuages de vapeur aqueuse. Où l'on voit qu'il n'y a pas de preuve de l'existence du troisième type de Howard, c'est que, d'après ce savant, le *Stratus* est un brouillard qui se répand sur la terre au coucher du soleil, mais qui s'élève le matin, dès que cet astre apparaît.

L'ordre dans lequel les nuages sont placés dans ma nomenclature correspond en même temps à l'ordre dans lequel ils paraissent, depuis les plus hautes régions du *Cirrus* jusqu'aux régions les plus rapprochées de la terre, où se forment les *Fracto-cumulus*, selon que la vapeur d'eau passe de l'état de particules gelées à celui de vésicules aqueuses, ou *vice-versâ*. Toutefois, le *Pallio-cumulus* qui sert de transition entre les deux types et leurs dérivés se trouve un peu plus élevé que le *Cumulus*.

Lorsque je publiai, en 1865, ma nouvelle nomenclature des nuages j'avais conservé le Cumulus et le Cumulo-stratus en même temps que je faisais ressortir leur identité. Ensuite, en décrivant le Cumulus j'ajoutais *vel* Cumulo-stratus. Dans l'em-

barras du choix j'aurais voulu retenir abstraitement le Cumulus
comme le second type, en lui appliquant le nom de Cumulo-
stratus, qui correspond plus exactement aux deux caractères
fondamentaux de ce nuage, à savoir : la base horizontale et
l'accumulation de la coupe hémisphérique ; mais comme la
dénomination de Cumulo-stratus dérive de deux espèces de
nuages, il est préférable de l'abolir et de conserver le nom
générique et typique de *Cumulus*, en lui attribuant les caractères correspondants à ces deux espèces de nuages qui ne
constituent en réalité qu'un seul et même type. De cette façon
le nombre de mes espèces de nuages est, comme celui de
Howard, de *sept* uniquement : deux types et cinq dérivés,
au lieu des trois types et quatre dérivés de ce savant.

J'ai également pensé qu'il convenait de modifier la nomenclature vulgaire de Forster en lui substituant d'autres noms
plus en harmonie avec la forme et la nature des nuages. Voici
la vieille classification et la nouvelle :

	NOMENCLATURE DE FORSTER.	NOMENCLATURE DE POEY.
Cirrus.	Nuage bouclé (Curl-cloud).	Nuage filé (Thread-cloud).
Cirro-stratus . .	Nuage se dissipant (Wane-cloud).	Nuage stratifié (Stratified-cloud).
Cirro-cumulus . .	Nuage rompu (Sonder-cloud)	Nuage pommelé (Dapple-cloud).
Pallio-cirrus		Nuages en couche (Sheet-cloud)
Cumulus	Nuage entassé (Stacken-cloud).	Nuage montagneux (Mount-cloud).
Pallio-cumulus		Nuage pluvieux (Rain-cloud).
Fracto-cumulus.		Nuage venteux (Wind-cloud).

Le *Pallio-cumulus* remplace le *Nimbus* nommé aussi « nuage
de pluie. » Dans son *Climate of London* (1818, t. I, p. XXXII),
Howard rejette la nomenclature vulgaire de Forster pour plusieurs raisons de peu de poids, dont la principale est qu'elle ne
se prête point à toutes les langues, comme le fait sa nomenclature latine. La croyant utile à l'usage ordinaire des personnes qui ne s'occupent pas de sciences, je la remplace par
une autre plus exacte.

I. — Cirrus. Poëy. (Pl. I, II, III, IV.)

Nuage filé (Thread-cloud). Howard.

Les *Cirrus*, ainsi nommés par Howard (*la queue de chat des marins*), sont composés de filaments, dont l'ensemble rappelle un pinceau délié, une chevelure bouclée, une touffe tordue, des plumes, la queue flottante d'un cheval, des flèches ; d'autres fois ils sont disposés en longues bandes droites, parallèles entre elles, ou divergentes comme des palmes, ou bien affectent la forme d'une arête ou d'une colonne vertébrale ; leur plus grand axe est orienté selon la marche du nuage et la direction du vent régnant à cette hauteur, vent qui ne tarde pas à se faire sentir sur la terre. Lorsqu'ils forment deux ou plus de systèmes de bandes droites parallèles, par un effet de perspective, ils paraissent diverger de leur point de départ à l'horizon et converger vers le point de l'horizon diamétralement opposé, comme le font les rayons du soleil levant ou couchant dans le phénomène nommé *Gloire*.

Les *Cirrus* ont toujours une blancheur tantôt éclatante, tantôt mate comme celle de la perle. Les premiers et les derniers reflets des rayons solaires sur ces nuages les colorent d'une jolie teinte rose, plus ou moins intense suivant leur densité. Leur propagation est excessivement lente, et leur hauteur n'est pas de moins de 10,000 mètres. Ces nuages sont les plus élevés, les plus lents, les plus clair-semés et raréfiés, les plus variables dans leurs formes, et les plus étendus.

L'arrivée et le départ des *Cirrus* annoncent à la fois la fin et le commencement du beau temps. Le baromètre baisse, puis remonte, et l'ensemble des phénomènes météorologiques qui les accompagnent se comporte de la même façon. Les Cirrus à Mexico sont d'une ténuité et d'une diaphanéité beaucoup plus grande qu'à la Havane. Souvent les Cirrus sont tellement diaphanes et transparents qu'il se confondent avec un ciel d'un bleu pâle ; ils ne sont alors visibles, avant ou après le lever et le coucher du soleil, qu'au moment où cet astre les colore en rose. Voici ce que dit Howard :

« Ils sont d'abord indiqués par quelques fils crayonnés, pour ainsi dire, sur le ciel. Ces fils augmentent de longueur et pendant ce temps d'autres viennent s'y ajouter. Souvent les premiers fils formés servent comme de tiges d'appui pour supporter de nombreuses ramifications qui à leur tour donnent naissance à d'autres.

« L'accroissement est parfois tout à fait indéterminé ; parfois aussi il a une direction bien marquée. Ainsi les quelques premiers fils une fois formés, le reste se propagera dans une ou plusieurs directions, soit latéralement, soit obliquement en haut ou en bas, et la direction est souvent la même pour un grand nombre de nuages, visibles en même temps ; car les touffes qui descendent obliquement semblent converger vers un point de l'horizon, et les longues bandes droites semblent vouloir se rencontrer en des points opposés à celui-ci ; ce qui est l'effet d'optique produit par l'extension parallèle. Quand les fibres ou touffes de ce nuage vont en montant, c'est un indice certain de la décomposition de vapeur qui précède la *pluie;* quand elles vont en descendant c'est un indice certain d'*évaporation* et de beau temps. Dans les deux cas, ils sont dirigés vers le point d'où l'électricité se dégage au moment.

« Leur durée est incertaine et varie entre quelques minutes après leur première apparition et une période de plusieurs heures, même de plusieurs jours. Elle est longue quand ils se montrent seuls et à de grandes hauteurs ; elle est plus courte quand ils se forment plus bas et dans le voisinage d'autres nuages.

« Cette forme, quoique en apparence presque immobile est cependant en rapport intime avec les diverses modifications de l'atmosphère. Si on considère que les nuages de ce genre ont longtemps passé pour pronostiquer le vent, il est extraordinaire que la nature de cette connexion n'ait pas été plus étudiée, car sa connaissance aurait pu fournir des résultats utiles.

« Par un beau temps, avec des brises faibles et variables, le ciel est rarement complétement dégagé de petits groupes de *Cirrus* obliques, qui se lèvent fréquemment sous le vent et qui vont en s'agrandissant dans la direction d'où vient ce dernier. Il faut s'attendre à un temps pluvieux et durable, lorsque ce nuage se montre en nappes horizontales, qui disparaissent rapidement et se changent en *Cirro-stratus.*

« Avant les *orages* ils paraissent plus bas et plus sombres, et habituellement du côté opposé à celui d'où vient l'orage. Les grands vents bien établis sont aussi précédés et accompagnés de bandes traversant le ciel dans la direction de laquelle ils soufflent. »

II. — Cirro-stratus. Poëy. (Pl. V, VI.)

Nuage stratifié (Stratified-cloud). Howard.

Le *Cirro-stratus* de Howard se distingue du vrai *Cirrus* par ses filaments qui sont plus petits, plus compacts, plus ramifiés, et pour ainsi dire complétement stratifiés. Ils sont plus bas et plus denses, car souvent les rayons du soleil les percent avec difficulté. Leur teinte blanchâtre est plus nette, et devient également rosée dans les mêmes circonstances. Leur marche est un peu plus rapide. Quand ils sont à l'horizon, comme on ne voit que leur projection verticale, ils ont l'air d'une longue bande très-étroite. Howard dit :

« Ces nuages paraissent provenir du sédiment des fibres des *Cirrus* qui viennent se placer dans une position horizontale, en même temps qu'elles se rapprochent latéralement. Leur forme et leur position relative, quand on les voit de loin, donnent souvent l'idée de bancs de poissons. Et encore en ceci, comme en bien d'autres cas, il faut plus faire attention à la *structure* qu'à la *forme*, qui varie beaucoup et qui présente parfois l'apparence de barres parallèles ou de bandes entrelacées, comme le grain du bois poli. Epais au milieu, ils s'amincissent vers les bords. L'apparition distincte d'un *Cirrus* ne précède cependant pas toujours la venue du Cirro-stratus et de cette dernière forme.

« Les *Cirro-stratus* précèdent le *vent* et la *pluie*, dont on peut quelquefois estimer l'arrivée plus ou moins proche, à leur plus ou moins grand nombre et à leur plus ou moins de durée. On en voit presque toujours dans l'intervalle des orages. Parfois ces nuages et les *Cirro-cumulus* se montrent ensemble dans

le ciel, et alternent même dans un seul et même nuage; alors les
différentes évolutions qui s'ensuivent sont un curieux spectacle, et on peut présager le temps qu'il fera en observant
quelle est la forme qui subsistera la dernière. Les *Cirro-stratus*
sont ceux qui montrent le plus fréquemment les phénomènes
des Halos Solaires et Lunaires, et (comme le font supposer
quelques observations) les Parhélies et les Parasélènes. De là, la
raison du pronostic de gros temps, qu'on tire communé-
ment de l'apparition d'un Halo. On peut attribuer la fréquence
des Halos dans ces nuages à ce qu'ils ont une grande étendue,
en même temps que peu de profondeur perpendiculaire et la
continuité voulue de substance. Cette forme, sous ce rapport,
mérite plus particulièrement l'investigation. »

III. — Cirro-cumulus. Poëy. (Pl. IX.)

Nuage pommelé (Dapple-cloud). Howard.

Il suffit que les *Cirro-stratus* s'abaissent un peu, ou que la
température de la région qu'ils occupent s'élève légèrement,
pour que les aiguillettes de glace puissent se réduire en neige
et donner par suite naissance au *Cirro-cumulus* de Howard.
D'abord les axes des *stries* s'arrondissent, puis, par degrés la
couche entière en fait autant, jusqu'à ce qu'il se forme de petites
balles de coton cardé, qui font donner au ciel la qualification
de *moutonneux* ou de *pommelé* quand il en est entièrement
couvert ; c'est ce qu'on appelle en Espagnol *cielo empedrado*
et en anglais « frizled clouds of curled sky. » Au contraire, si
les *Cirro-cumulus* s'élèvent un peu, ou si la température s'a-
baisse ils reviennent au type supérieur du *Cirro-stratus.* Les
petites balles de neige se congèlent et se cristallisent de nouveau en aiguillettes.

Les *Cirro-cumulus* sont plus denses et plus bas que les *Cirro-
stratus* dont ils dérivent, bien que généralement les bords
des petites agglomérations ou de la masse entière du nuage
se transforment en *Cirro-stratus*, toutes les fois que par suite
d'une plus grande élévation ou d'une plus basse température,
la congélation est plus forte. Leur mouvement est aussi plus

rapide, leur couleur légèrement grisâtre, et ils peuvent en outre prendre une teinte rosée, ou plutôt rougeâtre.

Les *Cirro-stratus*, mais plus spécialement les *Cirro-cumulus*, sont remarquables en raison d'une caractéristique de la plus haute importance, au point de vue de la distribution des vapeurs aqueuses congelées, caractéristique qui a échappé à la sagacité de Howard et de ses successeurs. Elle consiste dans les combinaisons les plus bizarres reproduisant toutes les formations hydrologiques et physiques des continents et des mers. Ici, une baie profonde avec promontoires, caps, presqu'îles, isthmes etc.; là, un fleuve, des ruisseaux, des lacs, etc.; plus loin, de vastes continents et des mers ouvertes. La masse entière et les contours de chacune de ces formes accidentelles sont parsemés de *Cirro-cumulus*, quelquefois bordés de *Cirro-stratus*, dont on voit les volumes des petites balles diminuer et disparaître du centre à la circonférence, en laissant apercevoir sur les côtés, dans les espaces vides, le pur azur des cieux. Si c'est un lac, l'eau est représentée par le ciel bleu, et la terre ferme par le *Cirro-cumulus* qui l'entoure. En étudiant avec soin toutes ces transformations, nous y remarquons la plus grande analogie avec les phénomènes de la précipitation et de la congélation de la rosée sur les corps. Il y a donc à cette altitude, dans la même couche, et l'une après l'autre pour ainsi dire, des portions de l'atmosphère qui jouissent de différents degrés de densité et de température, pour que la congélation de la vapeur aqueuse puisse se produire d'une façon si variable. Gœthe et Ossian, qui se sont inspirés des Cumulus, auraient trouvé plus d'un sujet d'admiration dans les combinaisons capricieuses dues à la fraternité des Cirro-cumulus et des Cirro-stratus aux mille couleurs flamboyantes, observées à Mexico.

L'influence des *Cirro-cumulus* sur l'abaissement de la température à la surface du sol est si considérable que le corps humain la ressent. Un ciel pommelé de la nouvelle lune, par une nuit calme des tropiques, est un ciel relativement glacial pour ces latitudes. Cet effet peut être dû à leur plus grande proximité et à la quantité considérable de petites balles de neige qui constituent ce type de nuage. Le *Cirrus* se trouvant plus haut et le *Cirro-stratus* étant bien moins abondant, bien que formés tous deux d'aiguillettes de glace, ils n'ont pas la même influence sur la température terrestre.

Howard dit : « Le *Cirro-cumulus* est formé d'un *Cirrus*, ou d'un certain nombre de petits *Cirrus* séparés, dont les fibres se tassent pour ainsi dire et deviennent de petites masses arrondies, dans lesquelles on ne peut plus longtemps reconnaître la contexture du *Cirrus,* bien qu'elles conservent encore un peu de leur arrangement les unes par rapport aux autres. Ce changement a lieu dans toute la masse à la fois, ou progressivement d'une extrémité à l'autre. Dans les deux cas, le même effet se produit en même temps et dans le même ordre sur un certain nombre de *Cirrus* adjacents, et il paraît, en certains cas, accéléré par l'approche d'autres nuages.

« Ce genre de nuages forme un très-beau ciel, montrant quelquefois de nombreuses couches distinctes de ces petits nuages réunis, flottant à différentes hauteurs.

« On voit fréquemment les *Cirro-cumulus* en été, et ils accompagnent un temps sec et chaud. On les voit aussi accidentellement et en moins grand nombre dans les intervalles des averses en hiver. Ils peuvent soit s'évaporer, soit se transformer en *Cirrus* ou en *Cirro-stratus.* »

Pallium. Poëy.

Sous le nom générique de *Pallium* j'ai classé deux formes de nuages qui présentent l'apparence d'un manteau ou d'un voile d'une étendue considérable, d'une contexture très-serrée, aux bords bien tranchés, d'une marche excessivement lente, et embrassant au delà de la voûte visible du ciel. Selon que le *Pallium* est formé de *Cirrus* ou de *Cumulus,* il se distingue, en *Pallio-cirrus* ou *Pallio-cumulus.* L'apparition de ces nuages annonce le mauvais temps, leur disparition le beau temps.

La couche du *Pallio-cirrus* se forme la première, et quelques heures ou quelques jours après, celle du *Pallio-cumulus* se forme en dessous. Ces deux couches restent en vue à une certaine distance l'une de l'autre, et leur action et leur réaction réciproques produisent les orages et les plus fortes pluies, accompagnées de décharges électriques considérables. Elles sont électrisées en sens contraire : la couche supérieure de *Cirrus* est négative et l'inférieure de *Cumulus* est positive comme la pluie qu'elle déverse, tandis que l'électricité de l'air à la surface du sol est négative. Quand ces deux couches s'attirent, une décharge se produit, et la couche inférieure continue à déverser son surplus d'eau sans donner aucun signe d'électricité, pas plus que l'air en contact avec la terre. Cet état se continue jusqu'à ce que la couche inférieure se déchire; la supérieure en fait autant ensuite, puis elles disparaissent l'une après l'autre, et le beau temps revient alors.

Le *Pallium* prédomine surtout pendant la saison des pluies dans les régions intertropicales, et pendant l'été et l'hiver dans les plus hautes latitudes au moment des orages et des neiges. Une partie du *Pallio-cumulus* qui n'a pas été réduit, ou qui ne s'est pas dissipé vers d'autres régions, s'amasse à l'horizon pour se transformer en *Cumulus*. Quant au *Pallio-cirrus*, il disparaît entièrement si le beau temps se maintient. Voyons maintenant quels sont les caractères inhérents aux *Pallium*.

IV. — Pallio-cirrus. Poëy. (Pl. XI.)

Nuage en couche (Sheet-Cloud). Poëy.

Le *Pallio-cirrus* se forme par l'accumulation des Cirro-cumulus qui s'abaissent visiblement ou apparaissent vers un point de l'horizon dans la couche correspondante à ce dernier type. Dans le premier cas, ils sont un peu plus bas, plus denses, moins serrés, plus rapides, grisâtres, et offrent souvent quelques traces de polarisation. Dans le second cas, ils sont un peu plus hauts, moins denses, plus serrés, moins rapides, d'un blanc de perle, impénétrables aux rayons solaires et sans trace de polarisation. Dans les deux cas ils apparaissent généralement vers l'horizon du S. O., accusant la présence du courant *équatorial* supérieur et déterminent la chute de la pluie tant qu'ils demeurent au-dessus et en regard du Pallio-cumulus. Aussitôt qu'une brèche s'est ouverte dans la couche du Pallio-cumulus elle ne tarde pas à se produire également dans celle des Pallio-cirrus; plus rarement cette dernière se

déchire avant la première. Après la rupture du Pallio-cumulus, le Pallio-cirrus se transforme en Cirro-cumulus parsemés de Cirro-stratus, par son abaissement dans une couche
plus dense et plus chargée de vapeur d'eau ; mais s'il reste à
la même hauteur ou s'il s'élève encore plus haut, il disparaît
généralement à l'horizon du N. E. A l'approche du Pallio-
cirrus on observe les manifestations météorologiques suivantes : le baromètre baisse, le thermomètre monte, l'humidité
relative augmente, la tension de la vapeur diminue, et le vent
de terre se fait sentir de cette direction peu de temps après.

Voici un exemple d'une couche de Cirrus ou d'un Pallio-
cirrus que j'ai observé à la Havane : le 18 mars 1862, à
10 heures du matin, le bord antérieur d'un *Pallio-cirrus* com-
mença à envahir l'horizon S. O. Ce manteau couvrit par degrés toute l'étendue du ciel, sauf une partie du premier et du
quatrième cadran, et disparut complétement à 8 heures du soir
vers le S. E., où son bord postérieur se perdit ; il avait
donc mis 10 heures à traverser notre horizon apparent. Pendant ce temps il y avait encore un contre-courant supérieur
rendu sensible uniquement par la résistance qu'il opposait à
la marche du Pallio-cirrus vers la région du N. et par l'apparition entre 5 heures et 6 heures du matin de quelques fragments de Cirrus du N. O. très-rapides. Ces fragments repa-
rurent à midi, mais au-dessous des Pallio-cirrus, et paraissaient
être d'égale force que le courant de la couche de Cirrus ; celui-ci
demeura stationnaire jusqu'à 4 heures du soir, où le premier
l'emporta sur ce dernier, de telle sorte que le Pallio-cirrus
fut refoulé vers le zénith à 6 heures et disparut à 8 heures de
l'horizon S. E., ayant une inclinaison de l'O. S. O. au N. E.
L'apparition des Cirrus du N. O. à midi, devança de 3 heures
l'heure de la marée minimum du baromètre qui fut de 763^{mm}10,
phénomène qui coïncida à la fois avec le maximum du vent
qui parcourait à cette heure 7^{m}48 par seconde, ayant oscillé
toute la journée du S. E. au S. La lumière réfléchie par ce
Pallio-cirrus remarquable n'offrit aucune trace de polarisation.

L'obscurcissement du soleil et la nébulosité du ciel, que
Caldas [18] observa à Santa Fé à partir du 11 décembre 1808, éga-

lement visible dans une grande partie de la Nouvelle-Grenade
n'était probablement qu'un immense Pallio-cirrus qui per-
sista pendant longtemps. J'ai même la conviction que l'on a
souvent confondu cette couche de nuage avec des brouillards
secs dont nous parlent les anciennes chroniques. Sous le règne
de Philippe IV, en 1673, l'on vit à Cologne, à Ulma, à Hidelberg
et dans toute l'Europe, le soleil obscurci et couleur de cendre.
L'on sait que le grand Périclès aurait perdu une bataille na-
vale sans l'explication qu'il donna au pilote du phénomène de
l'obscurcissement du soleil.

Le Pallio-cirrus est à Mexico bien moins caractérisé, plus
diaphane, pas si considérable en étendue qu'à la Havane. C'est
à peine si je l'ai observé à San Francisco (Californie), pendant
les mois d'août à octobre 1870.

V. — **Pallio-cumulus.** Poëy. (Pl. XII.)

Nuage pluvieux (Rain-Cloud). Poëy.

Le Pallio-cumulus dérive de l'accumulation des Fracto-cumulus qui s'amassent lentement sous la forme d'une couche
compacte ; ou encore de l'abaissement et de la transformation
des Cirro-cumulus en Fracto-cumulus. Cette couche s'accroît
constamment en épaisseur par l'addition de nouveaux Fracto-
cumulus jusqu'à ce que la pluie commence. Alors les Fracto-
cumulus cessent de s'y accumuler, et ne font que filer le long
de la couche des Pallio-cumulus. Peu avant la fin de la pluie
ils se dégagent de cette couche, et disparaissent pendant que
celle-ci s'amincit, se fractionne, se disperse et disparaît aussi,
ou se transforme en Cirro-cumulus dans les conditions indi-
quées ci-dessus. Le Pallio-cumulus est plus bas, plus dense,
moins serré, plus rapide que le Pallio-cirrus et d'une couleur
d'ardoise ou grisâtre. Plus cette couche est épaisse et compacte,
et plus aussi la pluie sera durable ; mais aussitôt qu'une brèche
est ouverte, il s'en dégage des fragments de Fracto-cumulus, qui
disparaissent rapidement, tandis que le restant s'entasse à l'horizon sous la forme de *Cumulus.* Le Pallio-cumulus apparaît
presque toujours du N. E, accusant le courant *polaire* inférieur.

qui ne tarde pas à souffler à la surface du sol. Les manifestations météorologiques qu'il détermine sont inversés de celles du
Pallio-cirrus : le baromètre monte, le thermomètre descend,
l'humidité relative diminue et la tension de la vapeur d'eau
augmente.

Voici un autre exemple d'une couche de Cumulus ou d'un
Pallio-cumulus que j'ai encore observé à la Havane trois jours
après le cas ci-dessus :

Le 21 mars 1862, à 4 heures du matin, le bord antérieur d'un
Pallio-cumulus se présenta vers l'horizon du quatrième cadran,
le couvrant entièrement; à 5 heures il s'étendait longitudina-
lement du N. N. E. à l'O. S. O., progressant de plus en plus
rapidement; à 6 heures il avait déjà dépassé le zénith, et enfin
à 8 heures il atteignait l'horizon opposé vers le S. E.. Ce manteau enveloppa ainsi toute l'étendue visible du ciel jusqu'à
4 heures du soir, moment où l'on vit apparaître à l'horizon du
quatrième cadran, d'où il était parti, son extrémité posté-
rieure, laquelle atteignit le zénith entre 9 heures et 10 heures
du soir et disparut à l'horizon S. E. à 3 heures de la matinée
du 22, là où le bord antérieur avait déjà disparu la veille
à 8 heures du matin. Ainsi, entre la première apparition du
bord antérieur au N. O. et la dernière disparition du bord
postérieur au S. E., il s'écoula 23 heures. La lumière réfléchie
par ce Pallio-cumulus considérable était parfois légèrement
polarisée dans ses portions moins compactes.

VI. — Cumulus (vel Cumulo-stratus). Poëy. (Pl. XIII, XV.)

Nuage montagneux (Mount-Cloud). Howard.

Le *Cumulus* de Howard est un nuage d'été et de vésicules
aqueuses (*balle de coton* des marins), apparaissant toujours
sous la forme d'une moitié de sphère ou d'arcs de cercle
mamelonnés et reposant sur une base horizontale. Lorsque
ces demi-sphères s'entassent les unes sur les autres, il se forme
de gros nuages accumulés à l'horizon, semblables dans le lointain à des montagnes couvertes de neige, dont les contours
affectent mille formes, humaines, d'animaux, de productions

de toute sorte plus ou moins bizarres et fantastiques qui ont inspiré au poëte Ossian ses plus belles images et donné lieu dans les pays de montagnes à des traditions populaires pleines d'événements.

Le Cumulus n'apparaît surtout que pendant les jours d'été, disparaît la nuit et demeure toujours confiné à l'horizon. Il s'élève le matin au moment où l'évaporation du sol a lieu et quand le courant ascendant se forme; il développe lentement sa sommité convexe jusqu'à atteindre une étendue proportionnelle à celle de sa base horizontale, vers l'heure la plus chaude soit 2 à 3 heures; puis le Cumulus s'affaisse un peu plus rapidement et disparaît à l'horizon peu après le coucher du soleil, sans jamais traverser la région zénithale, ni même sans l'atteindre. L'heure de son apparition varie suivant les saisons : aux Antilles, en été plus tôt, et en hiver plus tard. A Mexico il disparaît presque complétement dès le mois de novembre jusqu'au mois de mars, ainsi que pendant la nuit.

Lorsque le Cumulus parcourt l'horizon sans trop s'en détacher, c'est le nuage le plus rapide, à l'exception des Fracto-cumulus. Mais lorsqu'il s'entasse le long de l'horizon, en été vers le S., en hiver vers le N., il devient excessivement lent et demeure toute une journée sans presque se mouvoir; il s'étend alors perpendiculairement et obliquement vers le zénith. Il suit la direction des vents de terre. Le sommet mamelonné est d'une blancheur éclatante, et lorsqu'il s'élève assez haut, il se colore en rose, matin et soir, comme le *Cirrus*; le centre du nuage est grisâtre, la base couleur d'ardoise ou noirâtre. La base du Cumulus repose toujours sur l'horizon et s'en écarte encore moins en été à l'époque des orages, tandis que sa sommité atteint alors son maximum d'élévation vers le zénith, mais presque toujours inclinée. Sur le plateau de la vallée de Mexico j'ai vu disparaître le Cumulus complétement pendant les six mois de l'hiver ou saison de sécheresse, et reparaître pendant les autres six mois de l'été ou saison des pluies. Dès 8 heures du matin sa sommité devient visible derrière les collines; il atteint sa plus grande élévation de 2 à 3 heures de l'après-midi, au moment des plus fortes chaleurs, puis il s'abaisse lentement et disparaît au même point peu après le coucher du soleil. L'apparition et la disparition du Cumulus sont intimement liées à l'état hygrométrique et thermométrique des couches atmosphériques. La marche périodique des Cumulus sur le plateau de Mexico est tellement régulière que leur première apparition devient un indice certain du commencement de la période des pluies, et leur disparition du commencement de la période de sécheresse. En 1866, ils ont commencé à disparaître dès le 22 août.

Les masses mamelonnées des sommités des Cumulus sont à Mexico plus nombreuses, plus petites, plus compactes, plus arrondies, d'une blancheur perlée plus éclatante qu'à la Havane. Un fait remarquable c'est que l'on peut tirer un pronostic assez sûr de cet état de leurs mamelons; ainsi, j'ai fréquemment observé dès le matin que l'orage se développe dans l'après-midi, du côté de l'horizon où la sommité mamelonnée est un peu désunie, les mamelons moins nombreux, plus grands, moins arrondis, d'une blancheur moins pure, ou grisâtre. Il serait curieux d'étudier la connexion qui doit exister entre une circonstance en apparence aussi peu importante et l'effet considérable des orages lors des plus fortes chaleurs. Howard paraît avoir eu connaissance d'un fait analogue quand il dit : « Le Cumulus du beau temps est d'une hauteur et d'une étendue modérées, avec sa sommité nettement arrondie. Avant la pluie il s'accroît plus rapidement, apparaît plus bas, et sa sommité est chargée de masses laineuses détachées ou de protubérances. »

VII. — Fracto-cumulus. Poëy. (Pl. XVI.)

Nuage venteux (Wind-Cloud). Poëy.

Les nuages que j'ai nommés *Fracto-cumulus* sont des fragments de Cumulus distancés, plus ou moins considérables, sans forme déterminée, aux rebords déchirés, les plus bas et les plus rapides de tous, blanchâtres, grisâtres ou couleur d'ardoise, suivant leur densité et l'état hygrométrique des couches atmosphériques. Aussitôt qu'un orage invisible a éclaté dans le lointain, on les voit accourir avec une grande vitesse, presque rasant les plus hauts monuments ou les arbres les plus élevés ; leurs bords sont excessivement déchirés, et alors ils sont d'une blancheur qui contraste fortement avec la couche grisâtre du Pallio-cumulus supérieur. D'une forme bizarre, quelques-uns ressemblent même à une souris (Pl. XII, fig. 3), les Fracto-cumulus sont visibles le jour et la nuit, et traversent souvent le firmament du N. E. au S. O. pendant plusieurs jours sans discontinuer ; le ciel au-dessus et dans les espaces intermédiaires se trouvant complétement clair. En hiver, on les voit apparaître seuls, par un ciel azuré au-dessus, déterminant à leur passage au zénith de faibles ondées de pluie discontinuées, accompagnées de fortes rafales de vent qui impriment immédiatement une très-légère élévation et une oscillation dans la colonne barométrique. Ces nuages produisent aux Antilles les pluies désagréables de l'hiver, les giboulées de mars en Europe, et suivent généralement la direction du vent régnant à la surface de la terre. Lorsque le vent de terre est contraire à la direction des Fracto-cumulus, il ne tarde pas à marcher dans le même sens. C'est ainsi que le vent qui règne ou qui doit régner quelques heures après à la surface du sol est accusé par la direction des Fracto-cumulus, qui constituent les nuages les plus bas et les plus rapides. Ils traversent le ciel dans toutes les directions aussi bien à l'horizon qu'au zénith. Tous les autres nuages, même les Cirrus, sont de plus en plus lents, et au delà des Pallio-cirrus ils accusent presque toujours des courants supérieurs opposés aux vents de terre. Les Fracto-cumulus sont donc de véritables nuages de vent : *Wind-Clouds*.

Peu avant que l'orage ou la tempête n'éclate, on voit apparaître une suite de très-petits Fracto-cumulus qui cheminent rapidement, presque aux deux tiers de son élévation, le long d'une masse considérable de Cumulus qui stationnent, quasi-immobiles, le plus souvent vers l'horizon du Sud. Bientôt ces Fracto-cumulus deviennent plus abondants, moins rapides et forment une bande horizontale qui coupe le Cumulus vers sa sommité, et qui avait été déjà remarquée par Théophraste. Souvent, cette apparence est un signe terrible pour les marins, parce qu'elle leur annonce le déchaînement d'une bourrasque.

En effet, le Fracto-cumulus se développe de plus en plus; il se fait un échange électrique de nom contraire entre ces deux nuages, et l'orage ne tarde pas à éclater. C'est donc le même petit nuage, dont j'ai parlé plus haut, qui, retournant alors du combat, vient maintenant livrer une nouvelle bataille. Le Fracto-cumulus, par son accumulation, donne généralement naissance au Pallio-cumulus et entretient constamment cette couche.

C'est surtout dans le cours de mes observations sur le plateau de Mexico que j'ai été frappé de l'utilité considérable de mon nouveau nuage. Le matin, dans la saison pluvieuse, avant que les Cumulus n'apparaissent, et le soir après qu'ils ont disparu, ainsi que pendant la saison de sécheresse, d'autres nuages viennent les remplacer : ce sont ceux que je distingue ici sous le nom de *Fracto-cumulus*, c'est-à-dire de fragments d'une provenance et jouissant de propriétés différentes à celles des Cumulus, mais dont au fond ils semblent en dériver. Je veux dire qu'il suffit d'augmenter la température et l'humidité atmosphériques pour que le Fracto-cumulus se transforme en Cumulus, de même qu'il suffit d'abaisser graduellement la température pour que le Cirro-cumulus se transforme en Cirro-stratus, puis en Cirrus pur; ces nuages dérivent les uns des autres tout en conservant leur propre individualité. Il n'y aurait donc que deux types réels de nuages : le *Cirrus*, formé de particules congelées, et le *Cumulus*, de vésicules aqueuses. Sans une nouvelle dénomination il est impossible d'établir la différence fondamentale qui existe entre ces deux ordres de nuages. On remarquera, par exemple, des Cumulus pendant la saison de sécheresse à Mexico, le matin dès le lever du soleil et le soir après son coucher, dans la saison pluvieuse, là où il n'y en avait pas un seul; c'est malheureusement ce que l'on a fait jusqu'ici et ce que l'on fait encore.

SUR LA NATURE DES NUAGES, TIRÉE DE LA FORMATION DES HALOS, DES COURONNES ET DES ARCS-EN-CIEL [19].

On peut encore reconnaître la nature des nuages par les phénomènes optiques auxquels ils donnent naissance, suivant que leur constitution intime est plus ou moins liée à un certain degré d'élasticité de la vapeur d'eau, à l'état de vésicules aqueuses, de congélations neigeuses ou glacées des couches correspondantes à la formation de chaque type.

Voici quelques faits que j'ai observés à la Havane et qu'il serait important de vérifier dans d'autres régions :

Généralement parlant, les *Cirrus*, surtout les *Pallio-cirrus*, donnent naissance au grand halo solaire et lunaire de 22° de rayon. Lorsqu'il est produit par le soleil, il peut quelquefois présenter les sept couleurs du spectre, comme dans l'arc-en-ciel, quoique d'habitude il n'a qu'une seule teinte interne orangée, terminée parfois en un peu de rouge. Au contraire, le grand halo produit par la lune est presque toujours blanc et seulement quelquefois on aperçoit la même teinte orangée, mais sans rouge.

Les *Cirro-cumulus* produisent le halo lunaire moyen de 2° à 4° de rayon, qui peut être triple ou formé de seize anneaux prismatiques avec la teinte rougeâtre interne. Ce halo est encore plus brillant lorsqu'il a lieu, mais assez rarement sur des *Cirro-stratus*.

Les *Fracto-cumulus* sont les seuls nuages qui engendrent non plus des halos, mais des couronnes complètes ou des segments d'arcs, selon l'étendue des fragments qui traversent le disque lunaire. Ces couronnes sont aussi prismatiques, mais elles ont la teinte bleue intérieurement.

Les *Pallio-cumulus* et les *Cumulus* ne forment plus ni halos, ni couronnes, mais seulement des arcs-en-ciel solaires et lunaires.

J'ai souvent observé à Mexico un phénomène d'optique des plus étranges et des plus magnifiques que l'on puisse voir, et que je n'ai jamais aperçu sous d'autres latitudes. Dans la région zénithale, de 11 à 4 heures de l'après-midi, les Cirro-stratus, les Cirro-cumulus, et d'autres fois les bords même des Pallio-cirrus et des Fracto-cumulus, se colorent de mille couleurs éclatantes et entremêlées, sans ordre déterminé. Cette coloration présente l'aspect parfait d'une mosaïque, et je ne puis mieux faire que de la comparer au plafond et aux murailles mauresques du salon des *Abencerrages* de la Alambra de Granada. La première fois que j'observai ce spectacle, le 13 juin 1866, à 2 heures 15 minutes, je fus saisi d'admiration. Je ne l'ai pas vu se prolonger au delà de 15 minutes, les couleurs les plus réfrangibles à partir du violet et du bleu étant celles qui s'évanouirent les premières et le rouge la dernière. Ces colorations paraissent être inhérentes à la nature et à la constitution des nuages du plateau de Mexico; bien plus brillantes sur les Cirro-stratus, elles s'affaiblissent en passant au Cirro-cumulus, aux Pallio-cirrus, puis aux Fracto-cumulus. Elles conservent cependant sur ces derniers nuages un éclat surprenant. Ce sont des phénomènes de réfraction et de diffraction qui donnent lieu à ces couleurs hérissées. J'ai encore observé d'autres phénomènes curieux d'optique que je décrirai plus tard.

Pour compléter les rapports entre les halos lunaires et la nature des nuages, voici les résultats auxquels je suis arrivé dans mes observations faites à l'observatoire de la Havane [20].

Il y a plus d'un demi-siècle que l'immortel baron de Humboldt a dit : « La forme des halos et des couleurs que présente l'atmosphère des tropiques éclairée par la lune méritent de nouvelles recherches de la part des physiciens [21]. » Je viens donc fixer pour la première fois depuis lors l'attention des savants sur nos halos tropicaux et surtout sur une nouvelle question que je n'ai point vue signalée dans les auteurs qui ont étudié à fond les caractères de ce phénomène optique, tels que M. Bravais [22] et autres.

Je n'envisagerai ici que la formation des halos lunaires proprement dits qui se montrent au milieu des *Cirrus* et dont la teinte *rougeâtre*, lorsqu'ils sont colorés, occupe la partie interne la plus proche du disque.

C'est à partir de la lunaison de janvier 1859 que j'ai observé avec le plus d'assiduité la formation de nos halos lunaires. J'ai ainsi constamment distingué trois apparences très-tranchées, tant par leur grandeur que par leur coloration, qui paraissent être intimement liées à la hauteur et à la constitution des nuages ou des vapeurs d'eau répandues dans l'atmosphère. Voici leur caractère et leurs colorations respectives.

Petits halos. Ces halos sont produits par la plus grande élévation des vapeurs tellement dissoutes, élastiques et si uniformément distribuées, qu'elles n'altèrent point sensiblement la transparence de l'air. Ils sont les premiers à se constituer seuls ou accompagnés de deux autres ordres de halos, suivant le degré de densité des vapeurs et des *Cirrus* qui entourent la lune; de sorte que leur absence est une marque certaine du maximum de diaphanéité de l'air. Leur unique coloration en *brun* ou en *roux*, clair ou foncé, ainsi que leur grandeur, est encore intimement liée soit à la densité des vapeurs d'eau, soit à leur élévation. Leurs dimensions peuvent varier depuis les rebords même du disque lunaire jusqu'à 2° de rayon. On les aperçoit dans toutes les lunaisons. Leur formation est le produit des vapeurs d'eau dissoutes.

Halos moyens. Ces halos peuvent s'engendrer soit par une moins grande élévation ou par une élasticité plus imparfaite des vapeurs d'eau, soit encore sur des couches de *Cirro-cumulus* bien plus basses. Dans le premier cas ils seront simples, incomplets et imparfaitement colorés, tandis que sur des *Cirro-cumulus* ils peuvent être simples, doubles et même triples. Voici la disposition des anneaux colorés dans un de ces halos triples à partir de l'anneau interne au contact du disque lunaire: première rangée d'anneaux, *jaunâtre, orangé, rouge* et *violet;* premier large espace *bleu* et *vert* qui le sépare de la deuxième rangée d'anneaux, *jaunâtre, orangé, rouge* et *violet;* deuxième large espace *bleu* et *vert* qui sépare la seconde rangée de la troisième, *jaunâtre, orangé, rouge,* et *violet.* La disposition suivante de huit anneaux dans le double halo est assez commune : *jaunâtre, orangé, rouge, bleu, vert, jaunâtre, orangé, rouge.* Le halo triple ou de seize anneaux est tellement rare que je ne l'ai observé qu'une seule fois, le 12 septembre 1859 [1], de 10 heures $1/4$ à 10 heures $1/2$ sans qu'il perdît aucune nuance; et encore les trois anneaux *violets* manquaient, de sorte qu'en réalité il n'y en avait que treize. Les anneaux *violets* sont tout

---

[1] Le lendemain 13, à 4 heures du soir, le centre ou *focus* d'une tempête giratoire passa à l'O. de la Havane. J'ai tracé son parcours à la date du 1er, depuis 45° long. E. et 12° lat. N, jusqu'à New-York, faisant sa courbure le 15 dans le golfe du Mexique, près de Pensacola **25**.

aussi rares, puisque je ne les ai aperçus que deux fois : la première, le 16 avril, à 9 heures, et à la campagne, dans un halo double ou de dix anneaux, y compris ces derniers. La seconde fois, ce fut le 16 juin, à minuit, dans un halo disposé ainsi : bande interne *blanchâtre,* puis *jaunâtre, orangé, violet, bleu, vert et orangé.* C'est l'unique fois que j'ai observé la bande *blanche* interne. L'absence des anneaux *violets* dans le halo triple et sa présence dans le halo double semble être une observation digne de remarque. Leurs dimensions peuvent varier de 2° à 4° de rayon. Ces halos moyens à simple série d'anneaux sont visibles dans toutes les lunaisons sur des couches de vapeurs d'eau plus ou moins denses.

Grands halos. Ces halos s'engendrent uniquement sur une couche de Cirrus très-uniforme, à texture très-serrée et passablement dense, quoique parfois on puisse les apercevoir par transparence vers les parties internes des étoiles de troisième grandeur. Le fond du halo est soit d'une *blancheur* mate ou de fait, soit blanc de perle ou luisant, soit d'une teinte bleuâtre claire et uniforme, indiquant dans ce cas une moins grande densité des Cirrus qui laisseraient passer une certaine quantité de rayons bleus du ciel. Les contours du halo sont toujours d'une plus grande blancheur soit mate, soit luisante, que les parties internes, mais jamais colorés. Leur dimension est constamment de 22° de rayon. On les voit dans toutes les lunaisons.

Maintenant je dois faire remarquer : 1° que ces trois sortes de halos sont visibles à la fois dans chaque lunaison, et que les deux premiers le sont aussi lorsque le troisième manque ; 2° qu'ils apparaissent également dans l'ordre de leur grandeur, le plus petit le premier, puis le moyen, et ensuite le plus grand ; 3° que cet ordre correspond aussi au degré de transparence de l'air, puisque les deux premiers peuvent se constituer dans des vapeurs d'eau ou le second dans des *Cirro-cumulus* qui sont moins denses que la couche des *Cirrus* qui engendrent les grands halos.

Quant aux rapports qui peuvent exister entre la formation de ces halos et les phases de la lune, voici le résultat de mes observations : 1° dans toutes les lunaisons, depuis janvier jusqu'à septembre inclusivement, les grands halos ont toujours apparu dans l'intervalle compris entre le second et le cinquième jour de son premier quartier, mais surtout du troisième au quatrième; 2° uniquement le 9 et le 11 septembre, je les ai observés le septième et le neuvième jour, ce qui doit être attribué en partie à la grande épaisseur et à la compacité de la couche de *Cirrus*; 3° vers le dernier quartier, je ne les ai remarqués que dans deux lunaisons : celle d'août, le 16, à 10 heures $\frac{1}{2}$, et le 21, à 2 heures de la matinée; et celle de septembre, le 15, à 11 heures $\frac{3}{4}$, et le 16, à 11 heures $\frac{1}{2}$. Cependant jusqu'alors je n'avais point pensé à les observer dans le dernier quartier de la lune. Or, il est probable que ces grands halos s'engendrent également dans les deux quadratures. Mais ce qui doit fixer notre attention pour le moment, c'est que ces halos ne prennent pas naissance à la *pleine lune* ni aux environs de cette phase. Ce fait paraît se lier à l'idée de la dispersion des nuages par l'action du rayonnement calorifique de la lune admise par de Humboldt, sir John Herschel, et autres.

Dans cette hypothèse, la dispersion des nuages par la pleine lune annulerait la formation des halos sous cette phase. La présence du halo que j'ai signalé plus haut au neuvième jour du premier quartier, et lorsque ce luminaire était presque dans son plein, ne serait qu'une pure exception à la règle, car je dois faire remarquer que durant toute la journée, pendant la nuit et les jours suivants, le ciel a été constamment couvert jusqu'au point d'occulter le soleil. Du reste, c'est avec la plus grande réserve que j'ose hasarder une simple application d'un fait admis premièrement par MM. de Humboldt et Herschel, confirmé ensuite par MM. Johnson, d'Oxford, et Nasmyth, et par MM. J. P. Harrison et Whewell dans la réunion de 1858 de l'Association britannique pour l'avancement des sciences.

Je dois ajouter cependant que j'ai toujours observé aux Antilles, pendant la pleine lune, que quand les Fracto-cumulus traversent la région zénithale et avant d'atteindre le disque de notre satellite, ils se dissipent immédiatement comme s'ils avaient été, pour ainsi dire, volatilisés ou fondus par l'effet de la chaleur. Il est bien entendu que cette dispersion n'a lieu qu'avec les plus petits fragments de Cumulus, ainsi que sur les rebords des plus considérables.

J'ai placé parmi les *halos* moyens la double et triple série d'anneaux colorés, par la raison que le *rouge* était plus proche de la lune, tandis que c'est le contraire dans les *couronnes*, dont le *bleu* forme la première teinte interne, ou, en d'autres termes, le *rouge* en dedans et le *violet* en dehors dans les *halos*. Mais par leur formation soit dans les *Cirro-cumulus*, soit dans les vésicules de brouillard ou autour de la flamme d'une bougie, phénomène que j'observe à chaque instant du jour et de la nuit, ils participeraient plutôt des caractères des *couronnes*. Je pourrais encore signaler d'autres anomalies inexpliquées jusqu'ici qui jettent une grande incertitude sur la distinction établie par les auteurs entre les halos et les couronnes, mais cela m'entraînerait trop loin.

QUANTITÉ DE NUAGES.

On calcule à la simple vue soit l'espace azuré du ciel, soit la quantité de nuages visibles, que l'on détermine suivant une échelle conventionnelle en fractions décimales depuis 0 jusqu'à l'unité 1. Mais il est préférable d'évaluer directement la quantité de nuages et de répéter cette appréciation dans chaque quadrant, sur chaque couche et sur chaque type, au lieu d'évaluer uniquement l'ensemble des nuages, n'ayant point égard à leur nature, comme on a fait partout jusqu'ici.

Voici la manière de procéder que j'ai adoptée à l'observatoire de la Havane : on explore le premier quadrant, et si l'on aperçoit trois types différents de nuages, par exemple des *Cirrus* élevés, des *Cumulus* à l'horizon et des *Fracto-cumulus* bas et isolés, on évalue pour chaque type, selon leur étendue en hauteur et en largeur, l'espace qu'ils occupent relativement aux 90° compris du N. à l'E. et de l'horizon au zénith de ce quadrant. On inscrit alors dans la colonne correspondante soit 0,5 de Cirrus, un 0,9 de Cumulus et un 0,2 de Fracto-cumulus. Si le quadrant N. E. que l'on explore est complétement couvert d'une seule nature de nuage, on marque l'unité 1 et son type correspondant. Si, au contraire, il n'y a aucun nuage on inscrit 0. On répète ensuite la même opération dans les trois autres quadrants du S. E., du S. O. et du N. O.

Parfois la quantité de nuages associée à d'autres de différente nature est tellement minime, ne consistant qu'en quelques fragments, qu'il devient extrêmement difficile d'en faire une juste appréciation ; dans ce cas on marque *nuage isolé* du type correspondant. Pendant une pluie continue, lorsque le ciel est complétement couvert d'un Pallio-cumulus on est sûr de trouver encore au-dessus une seconde couche de Pallio-cirrus, qui occasionne cette pluie ; après qu'on s'en est assuré on inscrit dans chaque quadrant l'unité pour ces deux types. Mais aussitôt qu'il se fait une brèche dans la couche du Pallio-cumulus, il faut bien faire attention à ne point confondre la quantité de nuage correspondante à chacune de ces deux couches qui s'aperçoivent l'une au-dessus de l'autre. Avec un peu d'attention on arrive parfaitement à saisir chaque ordre de nuage et l'espace qu'ils occupent.

DIRECTION DES NUAGES.

On s'est beaucoup occupé de la nature et de la constitution physique des nuages, mais fort peu de leurs mouvements dans l'espace. C'est à peine si leur direction a été signalée, et également on n'a pas assez distingué chaque couche de nuages superposée. On dira, par exemple, nuages allant dans telle direction, sans faire grande attention si ce sont des *Cirrus*, des *Cumulus* ou toute autre modification secondaire, ou encore s'ils sont à la fois visibles, s'ils suivent tous la même direction ou traversent différents parallèles.

Cependant, dans l'état actuel de la météorologie, la connaissance de la circulation atmosphérique, fondée sur l'étude des courants aériens, est de la plus haute importance au double point de vue spéculatif et pratique. Or, cette étude ne peut être rationnellement faite que par l'observation attentive des nuages qui nous accusent à chaque instant la direction et la hauteur des courants supérieurs, lesquels déterminent à leur tour celle des vents inférieurs.

Maintenant, si le changement des nuages, depuis les Cirrus

jusqu'aux Fracto-cumulus, c'est-à-dire depuis 10,000 mètres au moins de hauteur, jusqu'à la surface terrestre, obéit réellement à la même loi que celle du changement des vents, alors les prévisions acquièrent un degré de plus de certitude. C'est ce que j'espère prouver à l'instant.

On devra annoter dans une autre colonne la direction de chaque type de nuage correspondant aux seize premiers points cardinaux. Pour cela, il faudra observer le point d'où part le nuage et celui de l'horizon opposé où il disparaît. Lorsque le nuage traverse la région zénithale, l'observation est facile à faire. Il n'y a qu'une seule position qui pourrait induire en erreur par un effet de perspective, qui a lieu matin et soir, lorsque les Cumulus ne s'éloignent point des limites de l'horizon, qu'ils ont une marche très-lente et qu'ils disparaissent à l'opposé dans le même plan parallèle. On croirait alors que le nuage se dirige franchement de l'E. à l'O. ou *vice versâ* soit par le N., soit par le S., lorsqu'il aurait plutôt une inclinaison du N. E., du N. O., du S. E., du S. O., ou toute autre. Si c'est au lever et au coucher du soleil, si le vent est à l'E. ou à l'O., ou encore si la girouette se maintient au calme dans une de ces directions, on peut être sûr que le Cumulus suit ce parcours horizontal et perpendiculairement au méridien.

Souvent il est grandement difficile de saisir la direction des Cirrus à cause de leur extrême lenteur, la quantité considérable et la grande étendue de leurs filaments qui sont orientés dans tous les sens. Il faudra principalement fixer son attention sur le sens du déplacement de l'arête ou du tronc central d'où partent cette multitude de bandes et de filaments latéraux. La marche du Cirrus est alors presque toujours dans le plan longitudinal ou parrallèle au grand axe. Par une loi de perspective, ces bandes parallèles paraîtront diverger d'un point de l'horizon et, au contraire, converger vers le point diamétralement opposé ; mais l'observation du lieu de convergence à l'horizon opposé donnera aussi le sens de l'orientation.

Il y a encore une autre illusion d'optique contre laquelle il faut surtout être prévenu pour ne pas commettre une plus grave erreur ; car elle se présente chaque fois qu'au-dessous d'une couche de Cirrus supérieurs et très-lents, on aperçoit une seconde couche de Cumulus inférieurs et rapides. Dans cette circonstance, les Cirrus semblent marcher rapidement à l'opposé des Cumulus, lorsque en réalité ils peuvent suivre la même direction avec plus de lenteur. C'est une illusion analogue à celle que l'on remarque en chemin de fer quand les objets qui se trouvent plus proches de nous filent rapidement dans une direction contraire à celle de la locomotive ; tandis que les objets plus éloignés, au delà du second plan, vont parallèlement ; enfin ceux qui se trouvent entre ces deux positions demeurent immobiles. On ne saurait trop prévenir les observateurs contre cette grave erreur, surtout lorsqu'ils se trouvent en présence de trois ou quatre couches de nuages superposées pouvant avoir, les unes la même direction, et les autres des directions opposées. Lorsque les nuages passent devant le disque d'une étoile de première grandeur ou encore mieux de la lune, il est alors extrêmement facile de saisir leur direction, qui est infailliblement en sens inverse du mouvement apparent du corps céleste, comme dans le cas du premier plan en chemin de fer.

Très-souvent aussi, les Cirrus sont tellement lents qu'il faut de grandes heures pour saisir leur marche. Ensuite ils ont un mouvement latéral perpendiculaire à leur progression bien plus prononcée que dans les Cumulus ou les autres types de nuages, ce à quoi s'ajoute leur forme filamenteuse et leur grand nombre de ramifications. Dans ce cas, l'observateur devra prendre un point de repère sur quelque monument élevé de la ville ou sur le sommet d'une montagne ou d'un arbre, le vérifier d'heure en heure ou plus souvent, et, si ces précautions n'étaient pas encore suffisantes, attendre que le Cirrus ait dépassé le méridien ou qu'il disparaisse à l'horizon opposé. Généralement, à l'observatoire de la Havane, la direction des Cirrus n'est définitivement annotée sur le registre que vers l'après-midi, quoiqu'ils aient paru dès cinq ou six heures du matin.

Lorsque les Cumulus s'entassent à l'horizon en dehors de leur propagation horizontale, ils s'étendent encore obliquement vers le zénith par un mouvement latéral et ascendant, qu'il faudra distinguer de la vraie direction du nuage.

NUAGES.   4

Les Cirrus, les Cirro-stratus et les Cirro-cumulus apparaissent généralement du S. O., accusant la présence du courant *équatorial* supérieur. Les *Cirrus* déterminent plus particulièrement le courant équatorial. Quant aux *Cirro-cumulus*, ils servent alternativement de transition entre les deux courants opposés, le polaire et l'équatorial, bien qu'ils accompagnent plus fréquemment ce dernier courant. Chaque type des nuages correspond encore à un état déterminé termo-hygroscopique des couches atmosphériques qui les engendrent, de telle sorte qu'il suffit que l'un d'eux, ou une simple portion, s'élève ou s'abaisse pour se transformer successivement en un de ces quatre ordres. A partir du mois de juin, par exemple, il se forme, depuis 7 heures du matin, une cordillère de *Cumulus* qui s'élève généralement de l'E. et s'étale vers l'horizon S. jusqu'au S. O. ou l'O. Cette grande surface de nuages, comme la plupart d'entre eux, s'étend ensuite obliquement dans l'espace par un mouvement latéral et ascendant, et on a alors un *Cumulus* dont les bords antérieurs sont formés de *Cirro-cumulus*, et ses dernières limites de *Cirrus* qui atteignent parfois le zénith.

Les Cumulus et les Fracto-cumulus se montrent, au contraire, vers le N. E., déterminant le courant *polaire* inférieur. Mais les Cumulus de juin à décembre prennent généralement une direction moyenne de l'E. sous l'influence de l'alizé du N.E. et de l'alizé S.E., tandis que les Fracto-cumulus accompagnent le courant polaire du N. E. de décembre à mai, lorsque celui-ci, refoulant le courant du S. E. de l'hémisphère méridional, se rapproche de l'équateur et fait descendre l'alizé du N. jusqu'à l'E. N. E. ou l'E.

Maintenant, les Pallio-cirrus et les Pallio-cumulus servent alternativement de transition entre les deux courants opposés, l'*équatorial* et le *polaire*, bien que le premier type accompagne plus fréquemment le courant supérieur et le second le courant inférieur ; de sorte que les Pallium servent d'alternance, dans l'ordre suivant :

Cirrus,
Cirro-stratus,　}　Courant équatorial supérieur.
Cirro-cumulus,

Pallio-cirrus,   Alternance vers le courant équatorial
                     supérieur.

Pallio-cumulus,   Alternance vers le courant polaire inférieur.

Cumulus,
Fracto-cumulus } Courant polaire inférieur.

VITESSE DES NUAGES.

L'ignorance dans laquelle nous sommes de la vitesse des nuages, les difficultés qui se présentent pour un seul observateur qui pourrait être, en outre, dépourvu d'instructions suffisantes ou d'instruments convenables pour entreprendre directement ce calcul, fait qu'on devra l'établir d'après une appréciation visuelle et approximative. Comme règle générale, les nuages sont d'autant plus rapides qu'ils se tiennent plus proches de la surface du sol, et d'autant plus lents qu'ils s'en éloignent. Donc, les Fracto-cumulus, qui rasent presque les sommités des monuments et des arbres, sont plus rapides ; tandis que les Cirrus, qui se trouvent au moins de 10,000 à 15,000 mètres de hauteur dans la zone torride, sont les plus lents, puisqu'ils restent des heures entières presque immobiles.

On adoptera les quatre termes suivants : *lent, très-lent, rapide, très-rapide* qui peuvent suffire pour exprimer toutes les vitesses des nuages avec assez d'exactitude, comme ce ne serait pas le cas si l'on faisait usage d'une nomenclature plus minutieuse. Les déterminations extrêmes étant les plus difficiles à saisir, surtout celle de *très-rapide*, on se gardera bien d'en faire usage avant de s'être parfaitement rendu compte de la marche des Cirrus qui tardent des heures entières à décrire un très-petit arc, et celle des Fracto-cumulus qui ont des vitesses très-variables. Mais, après quelques apparitions de nuages à vitesse extrême, l'observateur saura les apprécier correctement.

L'avantage de marquer la direction et la vitesse des variétés de nuages se fait surtout sentir à Mexico, où ceux d'une même nature, tels les Cumulus et les Fracto-cumulus, lors de leur apparition peu après le lever du soleil, se meuvent à l'horizon de l'E. dans une direction et avec une vitesse différentes de celles des mêmes nuages qui filent à l'horizon de l'Ouest. A mesure que le soleil s'élève, les Fracto-cumulus se précipitent avec une grande vitesse de tous les points à la fois de l'horizon vers le zénith, et là ils s'entremêlent, ils se refoulent, ils tourbillonnent, semblables à une effervescence ou un bouillonnement prodigieux. On dirait qu'aussitôt que le soleil échauffe le zénith, l'air s'y dilate et produit un vide, où se précipite l'air plus froid de l'horizon. Cette explication se rapproche de la théorie d'Espy sur les vents qui soufflent de la circonférence du cyclone des ouragans vers le centre, où d'après ce savant l'air s'engouffre et s'élève par l'effet d'une dilatation et d'un vide analogue. Je cite cette coïncidence pour faire mieux saisir le mouvement des Fracto-cumulus que l'on observe à Mexico à partir du mois de juillet; car, quant à la théorie des cyclones, je ne suis point de l'avis d'Espy et j'accepte l'explication de Redfield, irrévocablement confirmée par Reid, Piddington, Thom et la plupart des météorologistes. Généralement, lorsque les Fracto-cumulus apparaissent vers sept heures du matin, une ou deux heures après ils suivent tous la direction du vent de terre. J'ai souvent observé qu'ils augmentent de vitesse à mesure qu'ils se rapprochent de la région zénithale, où ils deviennent très-rapides. Les Cumulus au contraire, qui ne se détachent jamais de l'horizon, peuvent conserver toute la journée des directions inverses : ceux de l'E., par exemple, cheminent avec une extrême lenteur du N. au S., tandis que ceux de l'O. se meuvent du S. au Nord. En suivant dès le matin les directions des nuages et des vents, contradictoires en apparence, ainsi que les variations de formes des sommités des Cumulus, on arrive cependant à tracer à l'avance la constitution météorologique, pour ainsi dire, qui devra régner pendant la journée et même le lendemain. C'est un exemple frappant de la fixité des lois dans la variété des accidents et des perturbations.

Les Mexicains se flattent d'être un peuple *sui generis;* dans tous les cas ils ont un patriotisme profondément enraciné dans leur cœur, et une constitution de nuages, sur le plateau de Mexico, des plus bizarres. Comme règle générale, tous les nuages, excepté les Fracto-cumulus qui se précipitent au zénith, ont une lenteur vraiment désespérante ; si à cela on ajoute leur direction multiple, un observateur doit avoir beaucoup de temps à perdre, avant qu'il puisse se rendre compte de l'état atmosphérique. J'en parle d'après ma propre et pénible expérience.

ROTATION AZIMUTALE DES NUAGES.

Dans une note présentée à l'Académie des sciences, en 1864, j'ai déjà démontré, d'après 280, 320 observations horaires faites à l'observatoire de la Havane, en 1863, sous ma direction et d'après le plan que je décris ici, que la loi de la rotation des vents formulée en 1827, par M. Dove, est parfaitement applicable aux nuages, que c'est même la direction rotatoire des nuages qui détermine la rotation du vent inférieur, et modifie l'ensemble des phénomènes météorologiques ; en un mot, qu'il faut prendre la météorologie par *en haut* suivant la profonde remarque de M. Biot, à l'Académie des sciences [24].

La loi du changement des vents de M. Dove [25] peut se résumer ainsi : 1° lorsque dans l'hémisphère boréal des courants d'air venant de l'équateur alternent avec des courants polaires, le vent fait le tour du compas le plus souvent dans le sens S. E. N. O. et S. ; 2° dans l'hémisphère austral, c'est l'inverse : S. E. N. O. et S. ; 3° l'influence du vent sur les phénomènes météorologiques, combinée avec la loi de son changement, accuse deux moitiés de compas opposées sous tous les rapports, la région de l'E. et celle de l'O. où les variations atmosphériques présentent avec les instruments une correspondance qu'il est facile de saisir. On voit donc que cette loi importante de M. Dove doit nous conduire forcément à la *prévision scientifique*, en y ajoutant la méthode des écarts de M. Buys-Ballot [26].

Maintenant, si le changement des nuages, depuis les Cirrus jusqu'aux Fracto-cumulus, c'est-à-dire depuis 10,000 mètres au moins de hauteur jusqu'à la surface terrestre, obéit réellement à la même loi du changement des vents, alors nos prévisions acquièrent un degré de plus de certitude.

Le vent a effectué à la Havane, en 1863, 23 rotations conjointement avec les Cumulus, ceux-ci 25, les Cirro-cumulus 18, et les Cirrus 17. Deux rotations, du 29 juin et du 19 octobre, n'ont point été accompagnées de celles des vents.

Parfois on remarque que toutes les couches de nuages, jusqu'aux Cirrus, complètent leur rotation au N. le même jour et à la même heure. D'autres fois, c'est le plus grand nombre de cas, le vent anticipe sur le Cumulus, ceux-ci sur les Cirro-cumulus, et ces derniers sur les Cirrus, c'est-à-dire de bas en haut au lieu d'être de haut en bas, comme avant leur rotation. Ce fait paraît contredire l'hypothèse que les courants supérieurs déterminent, de proche en proche, le passage, sous le même parallèle, des courants inférieurs jusqu'au vent de surface. Mais c'est que les courants sont inclinés, forment à peu près un angle de 45° avec la surface du sol, de sorte qu'ils se font sentir premièrement sur un point plus au N., s'abaissent par degré jusqu'à atteindre tous les points de leur parcours vers le S., où ils ont passé au-dessus, jusqu'à leur extinction naturelle ou produite par le choc d'autres courants opposés. Cette apparition du courant inférieur avant le courant supérieur est surtout fréquente dans les basses régions. Elle s'est présentée quinze fois contre quatre seulement entre le vent et les Cumulus, et quatre autres fois simultanément. Dans les hautes régions, six fois contre cinq, les Cirro-cumulus ont apparu avant les Cirrus, et, dans trois autres cas, à la fois. Les Cumulus, à leur tour, ont anticipé onze fois contre deux sur les Cirro-cumulus, et deux autres fois ils ont paru en même temps.

La durée de chaque rotation a considérablement varié en 1863, de la manière suivante :

	Jours.	Heures.		Jours.	Heures.
Pour les Cirrus, de........	5	5	à	49	11
Pour les Cirro-cumulus, de.	3	8	à	62	5
Pour les Cumulus, de......	3	3	à	36	22
Pour le vent, de..........	4	0	à	71	9

Le mois de juillet n'a pas offert une seule rotation dans aucun de ces quatre éléments.

Il est à remarquer, dans ce tableau, que la plupart des rotations du vent sont accompagnées d'une autre rotation correspondante dans les Cumulus, que celles des Cirro-cumulus sont plus rares et correspondent moins avec les premières, et qu'enfin celles des Cirrus s'en éloignent bien plus. Il paraîtrait aussi que les rotations sont moins fréquentes vers les hautes régions qu'à la surface, et que les premières, des Cirrus, dues au courant équatorial, se portent plutôt à l'O. et surtout au S. O., tandis que les secondes, des Cumulus, provenant du courant polaire, se limitent plus à la région de l'E., du N. et du S. E.

Quelle que soit la régularité que présente la circulation du vent et des nuages sous les tropiques, et quel que soit aussi le soin que l'on apporte à l'étudier, elle n'est pas encore exempte des perturbations qui masquent un peu l'instant précis du commencement et de la fin de chaque rotation. L'alizé du S.E. et la configuration du sol sont au nombre des perturbateurs généraux, tandis que les brises de terre et de mer, l'état nuageux de la couche des Cumulus, qui se prolonge plus ou moins de temps et recouvre celle des Cirro-cumulus, ou ceux-ci celle des Cirrus, leur inclinaison dans l'espace, et, par suite, leur transformation accidentelle et subite constituent les perturbateurs locaux.

Je soupçonne encore l'existence d'une grande rotation annuelle analogue aux rotations mensuelles et qui imprimerait le cachet des variations atmosphériques dues au mouvement de translation de la terre, de même que les secondes sont plus particulièrement dépendantes du mouvement de rotation de notre planète et inhérentes toutes deux à chaque climat des zones terrestres, eu égard à la distribution des continents et des mers, et à leur constitution physique. Ces rotations annuelles paraîtraient commencer et terminer au N. pour les Cirrus en octobre, pour les Cirro-cumulus en novembre, pour les Cumulus en décembre, et pour le vent en janvier. D'après cela le courant supérieur emploierait un mois pour accomplir sa rotation d'une couche à l'autre, en se rapprochant toujours vers la surface du sol, et trois mois à l'atteindre.

Le lieutenant Maury [27] prétend que les vents alizés sont tellement *constants* et *uniformes* que leur direction ne change pas

plus que le courant du Mississipi. Je ne partage pas l'avis de
ce savant, car les observations de la Havane démontrent, au
contraire, que l'alizé du N. varie depuis le N.E., et, parfois,
le N. N. E. jusqu'à l'E. N. E., surtout de décembre à mai, époque
à laquelle le courant de l'hémisphère boréal paraît être plus
intense que celui de l'hémisphère méridional, et, par suite, se
rapproche de l'équateur. Dans la seconde partie de l'année, de
juin à novembre, le courant polaire Sud étant plus intense, re-
foule le premier et s'avance jusqu'à la latitude de la Havane,
et, probablement jusqu'au parallèle de 30° N., et l'alizé varie
alors de l'E. N. E. au S. E. Ainsi, les limites de déplacement en
latitude des vents alizés dépendraient plus particulièrement de
l'intensité respective des courants polaires de chaque hémisphère. On voit donc que l'époque d'apparition que j'ai établie
plus haut pour les Fracto-cumulus et les Cumulus paraît cor-
respondre au déplacement des alizés.

Enfin, c'est au moment où les rotations du vent et des Cumulus se correspondent vers le S. O. avec celle du courant équatorial, que les orages et les grandes averses ont généralement
lieu, en présence d'une couche compacte et de condensation
de Pallio-cirrus supérieurs et d'une autre couche de Pallio-cumulus inférieurs. Mais aussitôt que le vent et les Cumulus
tournent à l'O., puis au N. O., l'orage commence à se dissiper et
le baromètre remonte; finalement, lorsque les deux premières
rotations se terminent au N., le temps se rétablit complétement.
La couche de Pallio-cumulus s'entr'ouvre, se fractionne, continue ainsi à chasser du S. O., puis elle tourne à son tour vers
le N. pour recommencer plus tard une nouvelle rotation. La
seconde couche des Pallio-cirrus supérieurs se comporte de la
même manière et disparaît aussi.

Il est à remarquer que la rotation azimutale des nuages et
plus généralement parlant des courants aériens depuis la région des Cirrus jusqu'au vent de surface, est une conséquence
rigoureuse de la propre rotation de la terre, des molécules
d'air qui passent du pôle à l'équateur, comme dans le courant
polaire, de cercles parallèles plus petits à des parallèles plus
grands et sont animées par conséquent d'une vitesse moins
grande à mesure qu'elles approchent de l'équateur, et dès lors

elles s'inclinent vers l'E., dans le sens du mouvement de la terre qui les entraîne. Au contraire, les molécules qui arrivent de l'équateur accélèrent leur mouvement, puis elles avancent et se dirigent aussi vers l'O., de gauche à droite, dans les hautes régions de l'atmosphère. De là la rotation azimutale que l'on remarque d'orient en occident par l'E. dans le vent et les Cumulus inférieurs, qui constituent le courant polaire du N. E, ; et d'occident en orient par l'O. dans les Cirrus qui engendrent le courant équatorial du S. O. Il en est de même du *cyclone*, des ouragans, des tempêtes et des orages. C'est, en un mot, une confirmation sur une vaste échelle de la rotation de la terre, démontrée par le pendule ou gyroscope de M. Foucauld.

Tels sont les principaux faits concernant la rotation azimutale des vents et des nuages, et, en général, des diverses questions qui ont été traitées dans le courant de ces *Instructions* sommaires, à l'égard desquelles il est de la plus haute importance de fixer l'attention des observateurs dans toutes les parties du globe. Des renseignements analogues à ceux que nous ont fournis mes observations faites à la Havane, fussent-ils même contradictoires sous des latitudes différentes, soit par la circonstance des diverses positions géographiques, soit par la diversité des topographies des pays explorés, n'en seraient pour cela pas moins importants et nous conduiraient à la vraie connaissance de la *circulation atmosphérique*, tout en nous mettant sur la voie des prévisions rationnelles et scientifiques. Dès à présent je puis ajouter que je n'ai point observé ni à Mexico, ni à San Francisco (Californie), cette régularité frappante de la rotation des nuages si fréquente sous la latitude de la Havane.

Pour mieux établir le mouvement circulatoire des courants atmosphériques, j'ai dû donc éliminer dans chaque rotation tous les nuages de transformation qui auraient masqué la marche de la circulation générale ; puis j'ai exclu les rotations partielles et isolées du vent qui ne se sont point étendues à la région des *Cirrus* ou du moins à celle des *Cumulus*. Une autre élimination que j'ai dû encore faire est celle des mouvements locaux de la brise. Ainsi, par effet de l'opposition ou du renversement de la température entre la terre et la mer, le soir le vent chasse vers le S. et le matin vers le Nord. Cette influence est telle dans la circulation générale qu'elle peut retarder ou anticiper la rotation du vent, qui termine au N., non-seulement de plusieurs heures, mais encore de 80° à 180° azimutaux. L'action de la brise de mer paraît être plus considérable que celle de terre; mais elles sont bien moins sensibles sur les Cumulus, les Cirro-cumulus, surtout lorsque ces derniers sont élevés et ne semblent pas atteindre la région des Cirrus.

Je dois ajouter qu'il y a vingt et un ans, en 1851, ne connaissant pas encore la loi de M. Dove, j'avais déjà, à la Havane, remarqué la rotation des vents et des Cumulus, et que ce ne fut que dix ans plus tard que j'ai été à même de saisir celle des Cirro-cumulus et des Cirrus, grâce à la méthode d'observations horaires que j'ai établie à l'observatoire. Cette loi ressort maintenant d'une série qui embrasse 70,080 annotations pour toute l'étendue du ciel, soit 280,320 observations considérées par quadrants et faites du 1er janvier 1863 au 3 décembre 1864.

La table suivante peut nous fournir une idée exacte de la circulation atmosphérique :

ROTATIONS

Rotations du vent et des nuages observées à l'Observatoire de la Havane en 1863.

MOIS.	VENTS.				CUMULUS.				CIRRO-CUMULUS.				CIRRUS.			
	Rotations.	Jours.	Heures.	Durée. j. h.	Rotations.	Jours.	Heures.	Durée. j. h.	Rotations.	Jours.	Heures.	Durée. j. h.	Rotations.	Jours.	Heures.	Durée.
Janvier.	1	7	11 matin.	» 4	1	7	3 soir.	» 3 20	1	7	3 soir.	j. h.	1	5	11 s. N. O.	» »
—	2	11	1 soir.	4 2	2	11	11 matin.	5 9	2	17	9 matin.	9 18	»	»	»	» »
—	3	16	3 soir.	5	3	16	8 soir.	5 12	3	21	8 m. N. O.	3 23	»	»	»	» »
Février.	4	20	11 soir.	2 8	4	21	8 matin.	4 12	»	»	»	»	»	»	»	» »
—	5	29	7 ma in.	8	5	3	3 soir.	3 4	»	»	»	»	»	7	»	» »
—	6	3	7 matin.	6 0	6	6	6 soir.	3 3	4	6	9 s. N. O.	16 13	»	»	»	» »
—	7	7	»	4	»	»	»	»	»	»	»	»	»	»	»	» »
Mars.	8	3	9 matin.	24	7	3	5 soir.	7 23	5	3	9 soir.	25 00	2	24	10 matin.	49 11
—	9	11	2 soir.	7	8	12	9 matin.	8 14	6	12	6 soir.	8 21	3	4	7 matin.	7 21
—	10	23	7 soir.	13 15	9	26	Minuit.	13 45	7	29	12 m. N. O.	16 18	»	»	»	» »
Avril.	11	4	7 matin.	6 5	10	1	7 matin.	6 7	8	1	8 soir.	3 8	4	27	11 m. N. O.	23 4
—	12	16	3 soir.	15 8	11	16	4 s. N. N. E.	13 9	»	»	»	»	5	4	4 soir.	5 5
Mai.	13	8	7 soir 1.	22 4	12	19	2 soir.	13 21	»	»	»	»	6	26	7 matin.	24 15
—	14	19	10 matin.	10 15	13	23	6 s. N. O.	11 4	9	3	1 m. N. 5	02 5	»	»	»	» »
—	15	23	10 matin.	4 0	14	»	»	4 4	10	19	4 m. 5	16 3	7	2	10 soir.	37 15
Juin.	»	»	»	»	15	29	4 s. N. O.	36 22	11	27	5 m. 6	8 1	8	19	6 matin.	16 8
—	16	3	7 s. N. N. O.	71 9	16	3	7 soir.	35 3	12	4	11 soir.	37 18	9	27	5 matin.	7 23
Août.	17	18	9 matin.	14 14	17	49	10 soir.	16 3	13	23	5 matin.	118 6	10	4	Minuit.	37 19
Septembre.	18	20	5 matin.	32 20	18	20	5 matin.	31 7	14	20	7 matin.	129 2	11	20	5 matin.	45 17
Octobre.	19	4	midi.	14 7	19	4	8 soir.	14 15	15	4	6 soir.	2 11	12	20	9 matin.	31 4
—	»	»	»	»	20	19	5 matin.	14 9	16	19	7 matin.	6 13	13	2	5 soir.	12 9
Novembre.	20	15	10 soir.	42 10	21	»	»	»	17	28	7 matin.	9 03	14	19	9 matin.	16 45
—	21	21	7 soir.	13 14	22	17	1 matin.	23 20	18	17	7 matin.	20 00	15	28	7 m. 9	8 22
—	22	25	5 soir.	5 22	23	30	5 matin.	13 4	»	»	»	»	16	8	10 m. N. O.	11 3
Décembre.	23	18	6 soir.	5 14	24	5	5 soir.	5 12	»	»	»	»	17	23	6 m. N. O.	11 20
					25	18	»	12 14	»	»	»	»	»	»	»	» »

1 A 7 h. du matin le vent avait soufflé du N. O. et N. N. O. jusqu'à 7 h. du soir, qu'il s'est établi définitivement du N. — 2 Cette rotation s'est complétée par la cessation du courant du S. O. et l'apparition à la fois d'un autre courant du N. N. E. — 3 Comme dans la douzième rotation, celle-ci s'est complétée par l'apparition à 2 h. d'une autre couche du N. E., et la cessation à 4 h. de celle du S. O., de sorte que les cumulus n'ont point passé ni par le quatrième quadrant ni au N. — 4 Le 31, après quatre jours de *cirro-cumulus* du S. O., de 7 h. du matin à 7 h. du soir, ils apparurent du N. E., puis de l'E., du S. E. et du S. jusqu'au 1er février à 9 h. du matin; mais, comme durant ce dernier jour à 5 h. du soir les cirro-cumulus reviennent du S. O., ils sont plutôt des transformations des *cumulus* qui suivent la même direction. — 5 De 4 h. à 6 h. du matin, uniquement des *cirro-cumulus*, puis des *cirrus* purs. — 6 Cette première heure de *cirro-cumulus*, puis de *cirrus*. — 7 Il y a bien eu, le 17 de 7 h. à 9 h. du matin, une apparition de *cirrus* du N. et le 19 de 7 h. à midi une autre du N. E. mais ils paraissent être des transformations des *cirro-cumulus*. — 8 Du 16 au 18 il a une petite rétrogradation de l'O. N. O. vers l'O. S. O., l'O. et le S. O; mais qui ne paraît pas constituer une rotation. — 9 Uniquement de 10 h. du matin à 5 h. du soir.

Explication des planches et des formes anormales de nuages.

Cirrus.

Planche I, fig. 1, queue de chat des marins ; fig. 2, cheveux bouclés ; fig. 3, queue de cheval.

Planche II, fig. 1 et 2, touffes tordues ; fig. 3, plumage.

Planche III, fig. 1, Cirro-stratus qui accompagne souvent un ciel de Cirrus; fig. 2, flèches indiquant la direction du vent régnant à cette hauteur. Pris à la Havane, le 13 décembre 1858, à 8 heures du matin.

Planche IV. Bandes palmées, sinueuses, parallèles, divergentes arborescentes ou en arêtes de poisson ou formant une colonne vertébrale. Fig. 1, représente la base ou le point de départ de cette forme arborescente; fig. 2, l'extrémité ou le point de progression formant une masse compacte de Cirrus, ressemblant à une boule. Il est orienté du N. au S. et dépasse le zénith. Cette forme est fréquente aux Antilles, surtout pendant la saison des chaleurs. Pris à la Havane, le 15 octobre 1859, à 9 heures du matin.

Cirro-stratus.

Planche V. Le 25 mars 1862, à 2 heures du soir, à la Havane, j'eus l'avantage de surprendre, pour ainsi dire, la nature sur le fait en assistant sur une petite échelle au développement graduel du Cirrus, du Cirro-stratus, du Cirro-cumulus et du Pallio-cirrus, ainsi qu'il suit : le ciel étant parfaitement azuré, j'observai subitement vers l'E. une petite tache blanchâtre, fig. 1 ; c'était la vapeur aqueuse qui passait de l'état élastique ou de transparence à l'état de vapeur d'eau ou d'opacité. Il se forma ensuite des petits points de Cirrus, fig. 2 ; ces points prirent la forme de petites bandes parallèles entre elles, courbées en demi-arcs, plus larges au centre et diminuant insensiblement vers les extrémités qui finissaient en pointes, fig. 3 ; les bandes augmentèrent d'étendue et présentèrent des petits filaments

1

2

3

3

2

1

Cirrus . Howard.
Nuage touffé

de La Fage lith.

Cirrus . Howard.
Nuage boucle.

A Poey del.

1

2

Cirrus . Howard.
*Nuage en flèche.*Poëy.

A.Poëy del.

1

2

Cirrus . Howard.
*Nuage palmé.*Poëy

de La Fage lith.

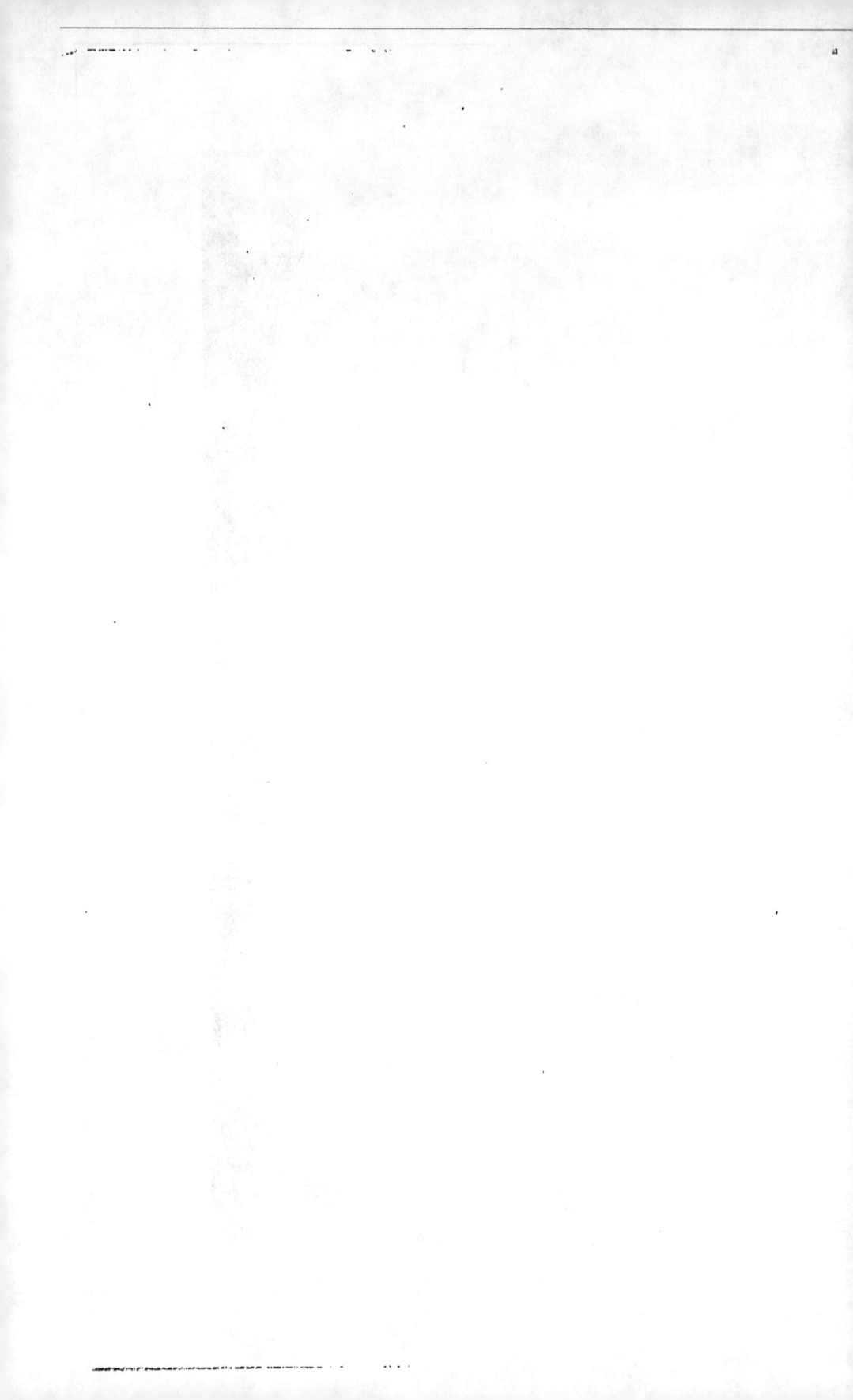

ou stries du côté concave seulement, tandis que le côté opposé ou convexe offrait une surface nette et tranchée servant de base aux stries, fig. 4 ; ces bandes s'agrandirent encore et des stries ou dentelures transversales sous la forme d'arêtes apparurent du côté opposé ou concave, pendant que celles de la convexité se fondent et disparaissent, fig. 5 ; les bandes et les stries s'arrondissent et se transforment en petites balles de coton cardé, plus denses au centre, d'où partent de longs filaments courbés dans toutes les directions, offrant l'aspect d'un hérisson, fig. 6 ; finalement, ces balles se transforment en une masse de Cirrus informes, composée moitié de longs filaments au centre et moitié d'une nappe étendue et compacte vers la circonférence, formant un Pallio-cirrus, fig. 7 ; le nuage cheminait avec une extrême lenteur du S. au N., et les stries se formaient et étaient orientées vers le S. et par conséquent dans une direction opposée à sa progression. A mesure que la vapeur vésiculaire passait de l'état de particules glacées dans le Cirro-stratus à l'état de particules neigeuses dans le Cirro-cumulus, la température s'éleva et atteignit la plus haute élévation dans le Pallio-cirrus; ce qui prouve, ainsi qu'il a été dit, que ces métamorphoses prenaient naissance sur des couches atmosphériques de plus en plus basses. Je signalerai à l'instant les résultats auxquels je suis arrivé sur la température des nuages à l'aide de la pile thermo-électrique et du galvanomètre. J'avancerai maintenant la conclusion suivante : lorsque le ciel est d'un bleu pur, s'il survient de la vapeur élastique ou vésiculaire qui le couvre d'un voile plus ou moins épais, l'aiguille oscille du froid au chaud ; mais si un instant après cette vapeur donne naissance à un Cirrus léger et transparent, alors l'aiguille retourne au froid. L'estimation des variations de température que les nuages éprouvent d'après la hauteur des couches atmosphériques et leur constitution est parfaitement appréciable comme il suit : les Cumulus d'été sont les plus chauds; ensuite les Fracto-cumulus, excepté lorsqu'ils apparaissent après une pluie d'orage, qu'ils sont blanchâtres, très-bas et rapides et à bords déchirés; alors ils participent de la basse température répandue dans l'atmosphère et ils peuvent être tout aussi froids que les Cirrus. Les Cirro-cumulus sont ensuite

plus froids que les Cumulus, et enfin les Cirrus sont les nuages
les plus froids.

Planche VI, fig. 1, première formation du Cirro-stratus;
fig. 2, type parfait pris à la Havane le 10 octobre 1858. Tous
les filaments ou stries sont horizontaux et prennent naissance
uniquement vers la surface concave des bandes sinueuses,
l'autre surface convexe en étant dépourvue.

Cirro-cumulo-stratus.

Planche VII. Nuage *annulaire* et anormal observé à Güines
(Cuba), le 10 janvier 1859, à 10 heures du matin. Ce nuage était
formé de bandes arquées et parallèles entre elles, d'une étendue de 80°, dirigées et cheminant du S. E. au N. O., atteignant
presque le zénith et laissant à découvert l'azur du ciel entre
chaque bande, qui se touchait sans se confondre. Le caractère
le plus remarquable de ces bandes est qu'elles étaient formées
d'une succession de demi-anneaux parallèles entre eux, semblables aux anneaux articulés d'une chenille vue dans une
position verticale. La surface convexe de ces demi-anneaux
était bien plus dense que le reste et leur diamètre se rétré-
cissait à partir du milieu jusqu'aux extrémités se terminant en
de simples traits très-fins, ainsi que sur les bords longitudi-
naux, fig. 1 et 2. Dans toute l'étendue des anneaux, la plus grande
densité correspondait à l'O., et diminuait insensiblement jusqu'au côté opposé de l'E., fig. 3. La rondeur de ces demi-anneaux dépendrait-elle en partie de la forme et de la rotation
de l'atmosphère? Le Cirro-cumulus prédominait sur le Cirro-
stratus.

Cirro-strato-cumulus.

Planche VIII. Nuage *tuberculaire* et anormal observé à la
Havane (Cuba), le 4 juin 1864, à 8 heures du matin. J'ai encore
assisté au développement de cette autre forme ainsi qu'il suit:
il se produisit premièrement un long tuyau sinueux, à surface
nettement terminée, semblable à un serpent, fig. 5; ce tuyau
paraissait être creux, mais non pas vide, car j'observais une

Pl. V.

A. POEY. NOUVELLE CLASSIFICATION DES NUAGES.

Pl. VI.

Cirro-Stratus. Howard.
Nuage stratifié.

de La Fage lith.

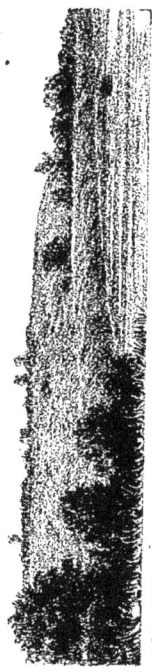

A Poey del.

Cirro-Stratus. Howard.
Nuage stratifié . Poëy.

Cirro-Strato-Cumulus . Poey.

Nuage tubulaire.

de La Fage lith.

Cirro-Cumulo-Stratus . Poey.

Nuage annulaire.

A Poey del.

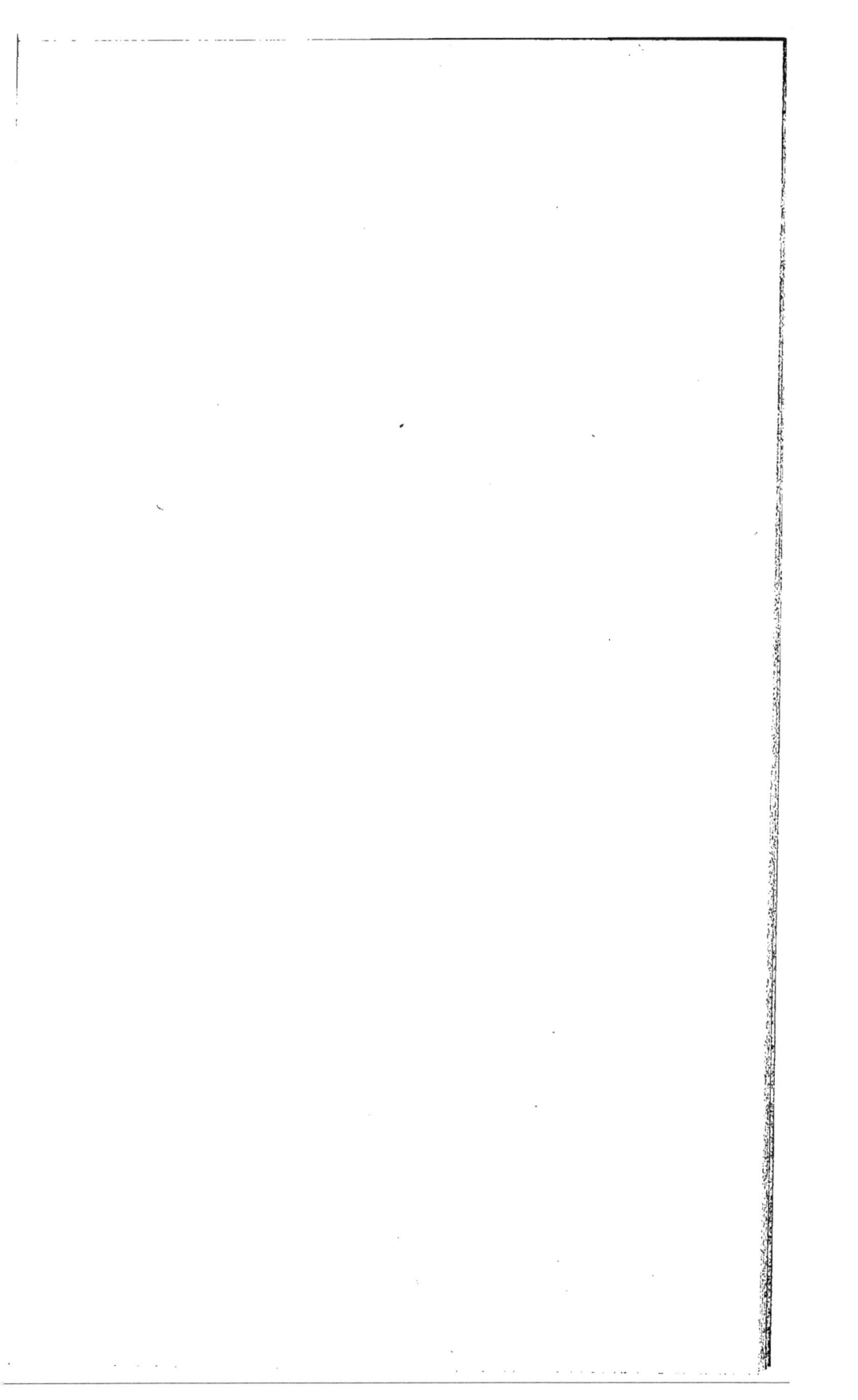

Pl. IX

A. POËY   NOUVELLE CLASSIFICATION DES NUAGES.

A. Poëy del.

Cirro-Cumulus. Howard
Nuage pommelé Poëy.

1

2

3

2

3

5

4

1

Cirro-Cumulo-Stratus. Poëy
Nuage en grappe de groseilles

de La Fage lith.

Pl. X

agitation intérieure ressemblant à des globules de vapeur d'eau en mouvement. Le tuyau se déchira en filaments vers une de ses extrémités, fig. 4 ; ensuite dans toute son étendue, fig. 2 ; puis du côté opposé, fig. 1 ; et successivement les uns après les autres. Vers le centre, entre la surface déchirée d'un tuyau, fig. 3, et l'autre surface du tuyau suivant, fig. 4, il se forma un Cirro-cumulus, à très-petites balles ; pendant que vers les extrémités on observait des filaments plus ou moins serrés ou étendus de Cirro-stratus. Il apparut ensuite trans- versalement un Cirro-cumulus plus considérable, fig. 6. Après la déchirure des deux côtés des tuyaux, il se forma un vrai Cu- mulus montagneux, à une des extrémités, fig. 7. A mesure que les deux côtés des tubes devenaient filamenteux on ne distin- guait aucune agitation intérieurement, comme si les vésicules aqueuses s'étaient congelées en aiguillettes de Cirrus. Le tuyau probablement creux au début affectait alors l'apparence d'une barre de fer aimantée couverte de limaille, comme dans la fig. 1. Le nuage cheminait avec une extrême lenteur du S. O. au N. E. ; cette métamorphose sur place dura 1 heure et le nuage disparut à vue d'œil dans les mêmes circonstances atmosphéri- ques qu'il avait apparu. Dans ce cas ce fut le Cirro-stratus qui prédomina sur le Cirro-cumulus, inversement au nuage de la planche VII.

Cirro-cumulus.

Planche IX. Pris à la Havane le 10 octobre 1858. Fig. 1, type normal ; fig. 2 et 3, forme anormale et hydrographique décrite plus haut. Il y avait trois échancrures diminuant en étendue de la première à la troisième.

Cirro-cumulo-stratus.

Planche X. Nuage anormal *en grappe de groseilles*, observé à Artemisa (Cuba) le 20 mai 1864 dans l'après-midi. Ce nuage offrait l'apparence d'une véritable grappe de groseilles, dans laquelle les tiges avec quelques filaments vers les extrémités étaient formés de Cirro-stratus, et les groseilles de Cirro-cu-

mulus. J'ai encore pu assister au développement de cette forme
rare, de la manière suivante : des filaments de Cirrus très-fins
apparaissent premièrement, fig. 1 et 2; puis ils se stratifient,
formant des axes très-longs et isolés, entre lesquels les premiers filaments subsistaient encore, fig. 3; ceux-ci disparaissent après et il se forme en place des petites balles cotonneuses
sur le côté extérieur de l'axe uniquement, fig. 4; finalement
ces balles s'évanouissent à leur tour et il se forme de l'autre
côté de l'axe de nouvelles balles en regard des premières,
exactement à la même hauteur et de la même dimension. Cependant un seul axe central conserve de chaque côté ses petites
balles, fig. 5. Le nuage cheminait, comme dans le cas de la planche VII, dans la direction de l'orientation des axes, c'est-
à-dire du S. O. au N. E. Le Cirro-cumulus y prédominait
également sur le Cirro-stratus.

Pallio-cirrus.

Planche XI. D'après plusieurs croquis pris à la Havane depuis
1858. Il se forme premièrement des petites balles de Cirro-
cumulus qui augmentent graduellement de dimension, fig. 2;
elles s'unissent de deux à trois ensemble, puis en plus grand
nombre, fig. 1, jusqu'à ce qu'elles forment une couche épaisse
et uniforme ou soit un Pallio-cirrus, fig. 3. Plus cette couche
est compacte et dense, plus le nuage prend une teinte cendrée
ou grisâtre et plus la pluie se prolonge; le soleil paraît terne
ou devient invisible.

Pallio-cumulus.

Planche XII. D'après plusieurs croquis pris à la Havane depuis
1858. La figure 1 représente une couche supérieure de Pallio-
cirrus, d'où la pluie déverse sur la couche inférieure de Pallio-
cumulus, fig. 2, et de celle-ci vers le sol. On voit le long de
l'horizon des petits nuages blanchâtres ou gris, qui filent rapidement après les pluies d'orages et qui sont d'autant plus blancs
que celui-ci est intense, et dont quelques-uns ressemblent à une
souris, fig. 3.

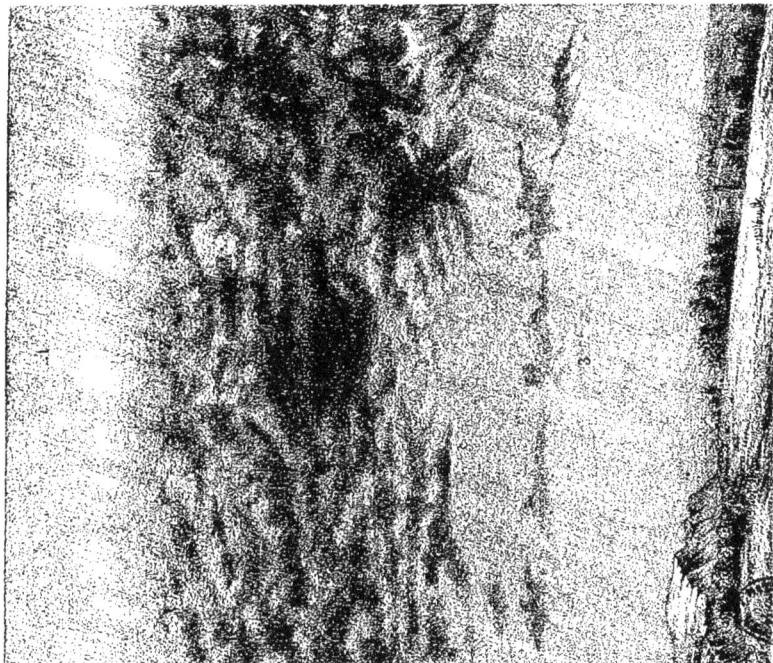

Pallio_Cumulus Poëy.
Nuage de pluie

de La Faye lith.

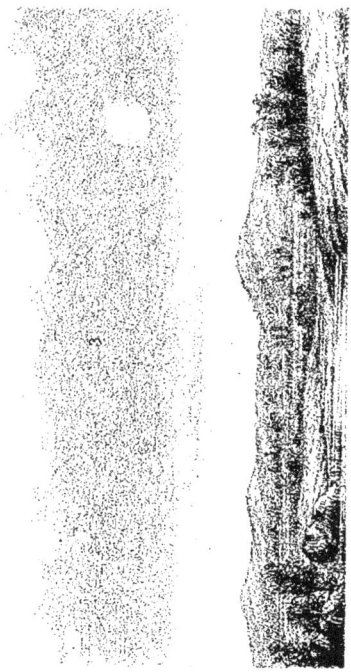

Pallio_Cirrus Poëy
Nuage en couche.

A Poëy del.

Pl. XIV

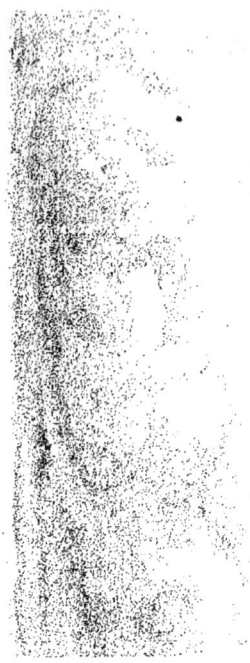

1

2

A. Poëy dei

Cumulus . Howard.
Nuage montagneux

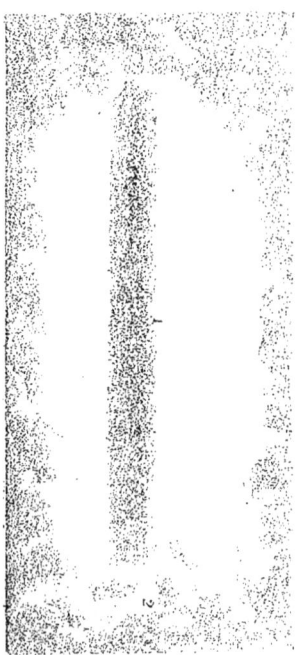

2

Pl. XV

Cirro-Cumulus. Poëy. *Nuage en barre.*
Cumulus. Howard . *Nuage montagneux* Poëy.

de La Page lith.

Cumulus.

Planche XIII. Type parfait d'un Cumulus ; fig. 1, la base horizontale ; fig. 2 la sommité hémisphérique.

Cirro-cumulus.

Planche XIV. Nuage *en barre* et anormal, observé à Mexico, le 14 mars 1866, à 4 heures 45 minutes du soir. Il s'était formé à l'O. une véritable barre horizontale de Cirro-cumulus à surface légèrement arrondie et blanchâtre, fig. 1. Vers le centre, dans toute sa longueur, apparaît un axe étroit et noirâtre, parfaitement parallèle, surmonté aux deux tiers d'une bande plus mince, d'une blancheur éclatante. Au-dessus et au-dessous de cette barre le ciel était découvert et d'un bleu pâle ; au bout d'un instant l'axe de barre prit une forme légèrement sinueuse, et il se forma des stries vers la partie du S. ; enfin la barre s'étendit en largeur et les bords perdirent leur netteté. Cette barre était encadrée de Cumulus orageux, fig. 2, d'où partaient de temps en temps des tonnerres sans éclairs.

Cumulus.

Planche XV. Naissance du Cumulus, pris à Mexico, le 4 juillet 1866. Fig. 1, représente une bande de Fracto-cumulus qui a passé la nuit sur les collines à l'époque des orages, puis à partir de 7 heures du lendemain, lorsque le courant ascendant s'établit, une de ses extrémités, généralement celle d'où souffle le vent peu de temps après, s'élève très-lentement jusqu'à former la tête ou la première apparition du Cumulus proprement dit. Ce Cumulus s'élève jusqu'à 2 heures de l'après-midi, redescend et disparaît au coucher du soleil derrière la colline.

Fracto-cumulus.

Planche XVI. D'après plusieurs croquis pris à la Havane depuis 1858. Fig. 1, type normal, indiquant par les portions noirâtres et plus denses un caractère orageux ; fig. 2, Fracto-cu-

mulus accumulé à l'horizon, prêt à se transformer en Cumulus
proprement dit, où l'on voit déjà le commencement de la base
horizontale et de la coupe hémisphérique supérieure des lobes
orageux. Cette dernière transformation du Fracto-cumulus en
Cumulus est assez rare, et n'a lieu que dans les grandes chaleurs,
après les orages électriques.

Pallio-cirro-cumulus.

Planche XVII. Nuage anormal *en grappe de raisin et en sta-
lactite*, observé en juin à Washington, et le 14 octobre 1871 à
Beloit, Wisconsin, États-Unis, à 5 heures du soir dans les deux
circonstances. Voici la description du cas de Beloit, qui fut
plus remarquable que celui de Washington : de grandes masses
blanchâtres semblables à des balles de coton paraissaient suspendues à une couche de Pallio-cirrus, fig. 1. Les unes ressemblaient d'une manière frappante à des grappes de raisin,
fig 2, d'autres à des stalactites, fig. 3 et d'autres encore à des
boulets elliptiques à circonférence sinueuse, isolées et espacées
par l'azur du ciel, fig. 5. Toutes ces masses paraissaient être
formées de flocons de neige et se rapprochaient de la forme du
Cirro-cumulus. On aurait dit des balles de neige roulées sur
elles-mêmes, sous l'impulsion des courants électriques déve-
loppés pendant l'orage, lequel fut accompagné d'éclairs et de
tonnerres à Washington et d'éclairs seulement à Beloit. Une
de ces balles, blanchâtre et isolée, offrait vers le haut et vers le
bas deux bordures sombres avec une fente au milieu de la
même teinte, le reste des bords étant très-échancrés et le tout
semblable à un glaçon, fig. 4. Une personne me dit à Beloit
qu'elle avait vu deux ou trois fois ce genre de nuage. L'état
atmosphérique offrit dans ces deux cas les mêmes cas
météorologiques : coïncidant avec un orage au N. O.,
se propageant lentement par le N., et se perdant au S. E.
sans éclater sur la localité. Le soir il y eut à Beloit une
aurore boréale peu brillante, mais je n'en observai point à
Washington, où, par sa basse latitude, elles sont rares. Je n'en
vis non plus aucune annoncée vers les hautes latitudes. Le
même soir, à Beloit, et surtout le lendemain, la température

Pl. XVI.

A POËY   NOUVELLE CLASSIFICATION DES NUAGES.

Pl. XVII.

1

2

2

3

4

5

A Poëy del.

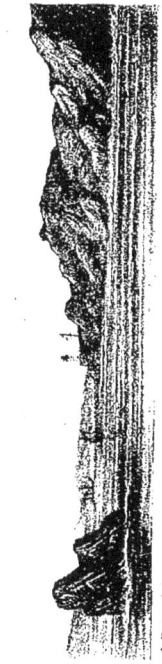

Fracto-Cumulus. Poëy.
Nuage de vent.

Imp.Lemercier et Cie. Paris

de La Fage lith.

Pallio-Cirro-Cumulus. Poëy.
Nuage en grappe de raisin.

baissa de plusieurs degrés. C'est une croyance assez répandue, que l'aurore boréale est suivie d'un refroidissement de l'atmosphère. On sait encore que, dans les couches supérieures, la vapeur d'eau se congèle sous la forme d'aiguillettes glacées, surtout vers les régions polaires. Il est alors probable que ces aiguillettes sont charriées par les courants électriques et polaires, qui engendrent peut-être les aurores, vers les basses latitudes, et de là vers les couches inférieures de l'atmosphère, par les vents et les orages : d'où peut provenir le refroidissement atmosphérique qui survient fréquemment après les aurores boréales.

La description de ce nuage singulier, que je publiai avec un croquis dans le journal *Nature* [28] de Londres, donna lieu à la remarque suivante de M. Robert H. Scott, le directeur du service météorologique du *Board of Trade* de Londres : « La forme du nuage, fig. *a*, représenté par le professeur Poëy dans *Nature* de cette semaine, ressemble beaucoup à celle décrite par le Rev. C. Clouston, L. L. D., dans son « Explanation of the Popular Weather Prognostics of Scotland », publié en 1867 par A. et C. Black, ainsi que dans le mémoire du Dr Mitchell « On the Popular Weather Prognostics of Scotland » : *Edin. New. Phil. Journal*, octobre 1863. Le Dr Clouston dit : « Quand ce nuage est convenablement développé, il est toujours suivi d'un orage ou d'une tempête 24 heures après. Les marins écossais le nomment *pocky cloud*, nuage *pustulé*. « D'après la description de son dessin, il ajoute : « On peut voir que c'est une série de nuages noirâtres ressemblant au Cumulus, comme les festons d'une draperie noire, s'étendant sur une étendue considérable du ciel, avec le bord inférieur bien net, comme si chaque feston à pustule était rempli de quelque chose de lourd, et d'une manière générale les séries de festons reposaient les unes sur les autres, de sorte que les espaces clairs intermédiaires ressemblaient à une chaîne de montagnes Alpines aux sommets blanchâtres. Il est essentiel que le bord inférieur soit bien net, car l'on voit d'autres nuages à peu près semblables, avec les festons du bord inférieur frangés, ou aux ombres fuyantes, qui ne sont suivis que de pluie. » Le Dr Clouston termine par la remarque suivante : « Ce nuage est très-connu et très-redouté par les marins des Orcades »

N'ayant pas eu occasion de consulter l'ouvrage du Dr Clouston, je ne puis me prononcer sur la ressemblance qu'il peut y avoir entre son nuage et le mien. D'après cette trop courte description publié dans *Nature* par M. Scott, il y aurait seulement quelque rapport de formes entre ces deux nuages ; car je trouve une différence radicale en ce que le Dr Clouston parle d'une série de festons noirâtres, formés de Cumulus, tandis que mes balles ou grappes de raisin ou encore mes stalactites sont de la nature des Cirro-cumulus et d'une blancheur de neige, suspendues à une couche de Pallio-cirrus. Il n'entrait donc dans ce nuage aucune formation de Cumulus proprement dit, pas même de Fracto-cumulus. Je sais par expérience que le Cumulus est, pour ainsi dire, la bouteille à l'encre, que le terme est appliqué, la plupart du temps, sans discernement ni connaissance des nuages, à toute sorte d'apparences orageuses. On croit même qu'il n'y a point d'orage sans Cumulus ; C'est précisément l'inverse. Les plus beaux Cumulus des plus grandes chaleurs du jour et de l'été, ne produisent point d'orages et dans aucune circonstance ils ne sont la cause immédiate du mauvais temps. Les orages ont pour origine, d'une part, des Cirrus qui se transforment en Pallio-cirrus et, d'autre part, des Fracto-cumulus qui se transforment en Pallio-cumulus. Ces deux couches une fois formées et en présence l'une de l'autre donnent naissance depuis les pluies simples et continues jusqu'aux orages électriques et jusqu'aux ouragans furieux intertropicaux, qui ne sont jamais accompagnés ni d'éclairs ni de tonnerre, ainsi que l'on se plaît à les représenter dans les gravures. J'ai donc la conviction morale que le Dr. Clouston a confondu probablement son Cumulus noirâtre avec une couche de Pallio-cumulus, ce qui établit une grande différence quant à l'origine du nuage.

Qu'il me soit permis de rendre un juste hommage à M. de la Fage, attaché au Dépôt de la marine, pour le talent qu'il a déployé dans la reproduction chromo-lithographique de mes dessins de nuages. De toutes les planches qui ont paru jusqu'à ce jour, celles-ci nous semblent être indubitablement les plus exactes et celles qui représentent, aussi fidèlement qu'il est permis de l'obtenir en lithographie, la nature capricieuse des sept formes de nuages d'après ma nouvelle classification.

Je signalerai encore que cette classification a déjà été adoptée avec succès par moi à l'observatoire de la Havane, depuis 1862, à l'observatoire de l'École des mines, à Mexico, depuis 1866, et à l'observatoire de Cambridge, États-Unis, depuis 1870. Il serait excessivement convenable, pour le progrès de la météorologie, que tous les autres observatoires voulussent bien adopter cette méthode, de manière à obtenir de bonnes observations sur les nuages, uniformes et comparables entre elles. Il est à espérer que cette importante mesure sera prise aussitôt que les directeurs d'observatoires se seront convaincus des avantages que cette nouvelle classification peut offrir sur celle de Howard généralement suivie.

INVERSION DIURNE ET NOCTURNE DE LA TEMPÉRATURE DE L'HORIZON AU ZÉNITH.

Afin de compléter ces instructions, il me semble utile de signaler mes expériences faites à l'observatoire de la Havane, pendant les années 1862 à 1864, sur la température atmosphérique sous différents azimuts et dans ses rapports avec la formation des nuages[29].

Le but de ce travail est d'établir par une méthode exacte le fait de l'inversion diurne et nocturne de la température depuis la tranche d'air en contact même avec le sol jusqu'aux couches qui limitent l'atmosphère. La première recherche qui se rapproche de celle-ci, dont j'eus plus tard connaissance, fut faite de 1778 à 1781, avec des thermomètres suspendus, par Marc Aug. Pictet[30], auquel revient la découverte de cette inversion ; toutefois les expériences eurent lieu dans les limites de 5 à 50 pieds de hauteur au-dessus du sol. Ensuite, Six[31], Marcet[32], Bravais[33], Rozet[34], Martins[35] et autres, ont vérifié l'énoncé de Pictet. Au début, je fus fort embarrassé faute d'un appareil adapté à ce genre d'observations, mais j'eus bientôt l'heureuse idée de faire usage du galvanomètre et de la pile thermo-électrique. Une nouvelle difficulté vint cependant me dérouter, c'était que la température variait constamment sur chaque parallèle en latitude et en longitude. Je pris alors trois hauteurs principales et équidistantes vers le pôle Nord : l'horizon, 45° et le zénith. Mon galvanomètre, construit par l'habile feu Gourgeon, était d'une extrême sensibilité, ainsi que la pile thermo-électrique à double cône de M. Rumhkorff. Cette pile est montée sur un pied parallactique. Voici maintenant les conclusions auxquelles je suis arrivé durant deux années d'observations, de 1862 à 1864 :

1° Dans une journée et une nuit calmes et sereines, l'aiguille du galvanomètre se maintient le jour vers les degrés de chaleur, et la nuit vers ceux du froid.

2° Donc il y a le matin une inversion de température du froid au chaud, et le soir une seconde inversion en sens contraire du chaud au froid.

3° Cette inversion n'a lieu aux heures précises du lever et du coucher du soleil que quand le ciel est entièrement découvert et l'état atmosphérique normal. Hors cette condition, l'heure de l'inversion anticipe ou suit l'apparition et la disparition du soleil d'une manière très-variable.

4° L'inversion s'effectue de proche en proche, d'un parallèle à l'autre, à partir de l'horizon jusqu'à atteindre le zénith ; le matin, c'est la région de l'horizon qui passe la première du froid au chaud, ensuite vient celle située à 45° d'altitude, puis celle du zénith ; le soir, c'est encore l'horizon qui repasse du chaud au froid, puis 45°, et enfin le zénith.

5° Avant et après le lever et le coucher du soleil, et antérieurement à l'inversion, il y a un instant d'équilibre général dans toute l'étendue du ciel, de l'horizon jusqu'au zénith, équilibre difficile à saisir par les causes multiples de perturbations locales, principalement dues à la vapeur d'eau en suspension dans l'atmosphère, aux températures accidentelles et à l'intensité variable du vent.

6° Après l'établissement définitif de l'inversion, on observe une nouvelle marche régulière de la température, laquelle est toujours plus chaude à l'horizon, moins à 45°, et inférieure encore au zénith, sauf toutefois lorsque le soleil à midi atteint ce point ; alors cette région jusqu'aux 45° est plus chaude que l'horizon. Durant la nuit, la même relation est conservée vers le froid, c'est-à-dire moins froid à l'horizon, plus à 45°, et plus froid encore au zénith.

7° Sous ces conditions, plus l'azur du ciel est pur et fortement polarisé, l'air sec, la pression barométrique haute, le vent au N. et plus aussi l'aiguille a une tendance vers le froid, quelle que soit sa position d'équilibre le jour ou la nuit ; dans des conditions atmosphériques inverses, elle se porte vers la chaleur.

8° Il y a cependant certaines circonstances qu'il faut savoir saisir : si le ciel étant pur, par exemple, il survient une espèce de vapeur élastique ou vésiculaire qui le recouvre d'un voile plus ou moins épais, alors l'aiguille oscille du froid au chaud ; mais si un instant après, comme c'est toujours le cas, cette vapeur donne naissance à des *Cirrus* légers et transparents, dans ce cas l'aiguille retourne au froid.

9° L'estimation des variations de température que les nuages éprouvent, d'après la hauteur de la couche qu'ils occupent et leur condition physique, est dès lors parfaitement appréciable, comme il suit : les *Cumulus* proprement dits et les *Cumulo-stratus* d'été sont les nuages les plus chauds ; viennent ensuite les *Fracto-cumulus*, excepté lorsqu'ils surviennent après une pluie d'orage ; ils sont alors blanchâtres, très-rapides et à bords déchirés ; ils participent de la basse température répandue dans l'atmosphère, et ils peuvent être tout aussi froids que les Cirrus. Les *Cirro-cumulus* sont ensuite plus froids que les Cumulus, et enfin les *Cirrus* encore plus froids.

Le 25 mars 1862, à deux heures du soir, je fis une observation très-curieuse : j'assistai à la formation du Cirro-stratus, prenant la nature pour ainsi dire sur le fait. Le ciel était parfaitement clair ; mais sur différents points, surtout vers l'E., tout à coup la vapeur élastique se réduisait à l'état vésiculaire, se congelait ensuite en aiguillettes formant un petit Cirro-stratus. Eh bien, durant cette transformation rapide, l'aiguille du galvanomètre signala trois degrés divers de température : la partie azurée était froide, mais lorsqu'elle se couvrit de vapeurs vésiculaires elle fut plus chaude, et enfin quand cette vapeur se congela elle redevint bien plus froide que sur l'azur du ciel.

10° Le maximum de déviation que j'ai observé vers la chaleur ou vers le froid a été de 60° de l'aiguille galvanométrique. Ces observations furent répétées sous des conditions météorologiques très-diverses, à la ville et en pleine campagne. La distribution de la température dans le sens de la latitude de l'horizon au zénith paraîtrait suivre une progression arithmétique, tandis que dans le sens vertical du sol au zénith, la progression serait géométrique.

La nébulosité du disque solaire et du ciel influe d'une manière prodigieuse sur l'état thermique des couches inférieures et supérieures de l'atmosphère, à tel point que l'on obtient instantanément des déviations de température considérables. Le passage d'un nuage, par exemple, sur le disque du soleil, la partie du ciel visée étant claire, fait toujours baisser la température, et souvent de 20° à 60°. Si le nuage passe devant le cône de la pile, la température s'élève ou s'abaisse suivant la condition des vésicules aqueuses ou congelées qui le constitue. Sous un ciel orageux ou uniformément couvert, par une grande humidité ou un brouillard, l'aiguille demeure à zéro sur toute l'étendue du ciel.

Ces faits prouveraient combien sont oiseux les calculs basés sur des 10es, des 100es, des 1,000^{es} de degrés. Les lignes isothermes, isochimènes et isothères du globe laissent encore beaucoup à désirer, et il en sera toujours ainsi tant qu'au perfectionnement des méthodes et des thermomètres on n'ajoutera pas la nébulosité non-seulement du ciel, mais aussi du disque solaire. Cette méthode a été suivie à l'observatoire de la Havane.

Peut-on considérer, pour l'année entière, que la température moyenne des jours sereins soit sensiblement la même que celle des jours nuageux ou couverts? Cette considération est-elle encore vraisemblable quant à l'état hygroscopique de l'atmosphère qui détermine la chaleur sèche ou humide? En est-il de même pour les différentes propriétés des vents? On pourrait facilement concevoir, et les observations paraissent le démontrer jusqu'à un certain point, un équilibre, une compensation entre toutes les forces de la nature agissant à l'équateur et aux pôles, mais cet équilibre subsiste-t-il dans le cours d'une année sous tous les parallèles intermédiaires en latitude et en longitude : c'est ce dont on ne saurait répondre *á priori*, il nous semble.

Bacon * et autres observateurs modernes avaient aussi remarqué l'élévation de la température par le passage d'un nuage au zénith, et son abaissement par sa disparition. Pierre Prevost explique ce fait en disant que l'air le plus dense est perméable à la chaleur rayonnante, que l'air des régions supérieures de l'atmosphère l'est encore davantage, ou plutôt *transcolorant*, mais que l'eau ne l'est pas, ni la vapeur vésiculaire ; ainsi les nuages seraient d'après lui opaques pour la chaleur comme pour la lumière [36].

On voit donc que, dès 1809, Prevost, de même que M. Tyndall [37], de nos jours, attribuait à la vapeur vésiculaire un pouvoir absorbant et rayonnant bien plus considérable que celui de l'air, surtout lorsqu'il est sec, opinion que ne partage point M. Magnus [38].

C'est surtout à la Havane et sous la zone torride que l'on serait à même de vérifier ce fait dans les conditions les plus favorables à la production naturelle de la vapeur d'eau, là où le soleil élève de l'océan des quantités prodigieuses de vapeurs qui vont déborder dans les hautes régions de l'atmosphère de part et d'autre des tropiques jusqu'aux pôles du monde.

M. Tyndall soutient que l'air peut être chargé de vapeur d'eau vésiculaire ou élastique sans troubler l'azur du ciel, lequel reste parfaitement pur, de sorte qu'une grande transparence pour la lumière serait parfaitement compatible avec une grande opacité pour la chaleur, et la radiation terrestre serait alors interceptée malgré la *transparence* parfaite de l'air [39]. Cependant dans mes expériences galvanométriques sur la température des hautes régions de l'atmosphère et dans mes études sur la formation des nuages et la polarisation atmosphérique, je suis arrivé à des conclusions entièrement inverses. J'ai toujours observé, par exemple, que plus l'air est sec et plus aussi la température est basse, la pression barométrique haute, l'azur

---

* Noctes illustris stellis, neque illunes, frigidiores sunt noctibus nubilis. (*Syl. Sylv.*, ant. IX, S. 866.)

du ciel plus intense, la polarisation plus forte, l'atmosphère sans nuages. Dans cette condition, le changement de temps ou la pluie prochaine est premièrement annoncé par une espèce de voile de vapeur qui recouvre le ciel, fait monter le thermomètre, descendre le baromètre, ternit l'azur du firmament et affaiblit la polarisation de la lumière. M. Glaisher a observé ce manteau de vapeur dans ses ascensions aérostatiques.

CONSIDÉRATIONS SYNTHÉTIQUES

SUR LA NATURE, LA CONSTITUTION ET LA FORME DES NUAGES.

J'ai publié, en 1861 [40] et en 1862 [41], dans l'*Annuaire du Cosmos*, deux Essais : le premier, sur les *images photo-électriques de la foudre*, observées depuis l'an 360 de notre ère jusqu'en 1860 ; le second, sur les effets suivants de ce météore, qui se rattachent aux propriétés de l'électricité artificielle : *action physico-mécanique, fusion froide de Franklin, inflammabilité des corps combustibles, déflagration et réduction en oxyde coloré des fils métalliques, réduction en poussière des corps foudroyés et congélation des foudroyés.*

Le but que je me suis proposé d'atteindre dans ces travaux est de rechercher les lois mécaniques, physiques et chimiques qui régissent les phénomènes naturels, d'après les découvertes les plus récentes et les mieux établies du domaine des sciences expérimentales.

On retrouve dans chaque phénomène de l'atmosphère et de la croûte terrestre la plupart des phénomènes multiples que le physicien et le chimiste produisent journellement dans leurs cabinets, à l'aide d'instruments les plus ingénieux. C'est donc aux météorologistes que revient la tâche d'appliquer aux phénomènes de la nature les connaissances et les lois découvertes par ces expérimentateurs, afin que la météorologie puisse se constituer à son tour en une science exacte. Cette voie a déjà été suivie avec succès par le professeur John

Tyndall. Les phénomènes ne diffèrent, en effet, d'une simple expérience de cabinet, que par la vaste étendue qu'ils embrassent et par leur puissance dynamique, qui peut s'élever depuis la plus simple expression jusqu'au plus haut degré de développement, suivant la manifestation que l'on envisage et son état de perturbation.

C'est ainsi que la *synthèse* de la météorologie découlera logiquement de la synthèse des autres sciences qui la précèdent dans la hiérarchie encyclopédique, mais à la condition que le météorologiste soit à la fois physicien. Hors cette voie, la météorologie serait éternellement condamnée à entasser des observations à l'infini et tout au plus à découvrir des rapprochements, des relations qui ne mériteraient même pas de comporter le nom de *lois*.

Basé sur les considérations précédentes, nous allons maintenant étudier au point de vue physique l'action des trois forces qui agissent principalement et puissamment sur la constitution des nuages, à savoir : la *pesanteur*, la *chaleur* et l'*électricité*.

I. — *Action de la pesanteur.*

> La courbe décrite par une simple molécule d'air ou de vapeur est réglée d'une manière aussi certaine que les orbites planétaires, et il n'y a de différence entre elles que celle qu'y met notre ignorance.
>
> LAPLACE.

Dans la formation des nuages ou, pour mieux dire, dans leurs transformations successives, on sent, comme dans tous les phénomènes de la nature, la nécessité de ramener les propriétés dynamiques des corps à leur structure statique et de rapporter les forces perturbatrices aux forces directrices. En effet, la seule modification de structure du nuage lui donne des propriétés dynamiques qui peuvent s'élever à tous les degrés d'intensité croissante, depuis la forme de ces *Cirrus* ou filaments déliés, semblables, lorsqu'ils nous réfléchissent les rayons solaires, à la blonde chevelure de quelque nymphe

enchantée et inoffensive, habitant ces hautes régions perpétuel-
lement glacées, jusqu'à la forme de ces effrayants *Pallium*
qui vomissent des torrents de pluie et de grêle, et d'où *Jupiter
altitonans* nous envoie ses flammes et ses foudres.

Ainsi, dans chaque formation primaire ou transitoire des
nuages, seule la structure a pu varier par l'action tantôt isolée,
tantôt successive et parfois simultanée de la *pesanteur*, de la
pression atmosphérique, de la *chaleur*, de l'*humidité*, des *vents*
et de l'*électricité*. Par suite, chaque modification fondamentale
de structure entraîne, non pas des propriétés dynamiques
nouvelles en qualité, mais des propriétés uniques et simplement variables en *quantité*. En un mot, la force de la loi di-
rectrice dans l'exemple ci-dessus, comme partout ailleurs, est
devenue de plus en plus perturbatrice, en passant de la structure
des *Cirrus* à celle des *Pallium*.

Pour ce qui regarde le *degré* d'intensité orageuse des nuages
et son action sur les couches atmosphériques situées au-dessous, ainsi qu'à la surface du sol, il y a un élément que l'on
a jusqu'ici négligé et qui cependant détermine en grande
partie cette puissance dynamique. Cet élément est la *masse* du
nuage rapporté à *sa distance du sol*.

Ensuite, faisant abstraction de l'origine effective des mouvements et des efforts soit internes, soit externes des nuages, les
lois fondamentales de l'équilibre et du mouvement doivent
nécessairement se vérifier envers les nuages orageux, aussi
bien qu'à l'égard d'un ordre quelconque de phénomènes (sans
même excepter les phénomènes physiologiques, comme par
exemple, dans l'acte de la contraction par l'irritabilité primor-
diale de la fibre musculaire). Ainsi tous les phénomènes inor-
ganiques ou organiques qui peuvent résulter de l'appréciation
statique ou dynamique sont inévitablement sous la dépendance des lois générales de la *mécanique*, pourvu toutefois que
l'on puisse faire, pour les uns et pour les autres, une judi-
cieuse application de ces lois, d'après les conditions caractéristiques de la constitution des corps et du milieu envisagé.

En outre, les inégales actions perturbatrices et directrices
du soleil et de la lune doivent être prises en considération
dans la formation, le développement d'activité et la dissolution

des nuages, d'après leurs propres gravitations, le rayonnement direct des deux astres, surtout celui du soleil, et l'action indirecte de la température ambiante. Le tout en rapport avec le double mouvement de la terre et l'obliquité effective du plan de son orbite sur l'axe de rotation. L'action météorologique de ces deux astres, comme agents régulateurs ou perturbateurs, doit être considérée, ainsi que c'est le cas dans les marées, dans la précession des équinoxes, etc., en raison directe de la masse productive, et en raison inverse du cube de la distance au soleil. L'influence des nuages sur la surface du sol devrait être envisagée sous le même rapport que l'influence solaire et lunaire sur les nuages. Ainsi les nuages, par leur suspension à la fois libre et instable dans un milieu gazeux, obéissent à deux gravitations, l'une céleste et l'autre terrestre. La résultante de leurs trajectoires doit être cependant déterminée par la rotation diurne de la terre qui les entraîne avec elle. Comparant la petite distance qui sépare les nuages de la surface du sol, avec l'immense intervalle qui les éloigne de la lune et surtout du soleil, il est facile de voir que la surface terrestre doit exercer une action plus prépondérante que celle de ces deux planètes, sur la formation, l'activité, la direction et la dissolution des nuages, même à l'aide des moindres accidents du sol, et probablement par sa constitution minéralogique, au point de vue de l'intensité et de la distribution des orages à la surface du globe.

Le rôle de la température, par rapport à la constitution statique et dynamique des nuages orageux, c'est-à-dire quant à leur structure et à leur activité, n'est pas moins déterminé, ni moins important que celui que déterminent les lois de la pesanteur et de la gravitation. C'est donc après ces premières considérations que l'on doit passer à l'examen de l'influence thermométrique, suivant le degré de complication et de particularité des phénomènes que l'on envisage. En un mot, la tension électrique que les nuages peuvent acquérir est en raison inverse du carré de leur éloignement du sol et en raison directe de leur masse, de la diminution de la pression et de l'abaissement de leur température. Ainsi chacune de ces quatre questions devra être isolément considérée, afin de pou-

voir embrasser l'ensemble des conditions qui influent sur
l'électrisation des nuages orageux.

II. — *Action de la chaleur.*

Il me paraît très-judicieux d'envisager l'étude de la distribution interne et externe de la chaleur propre aux nuages, de la
même manière que l'on envisagerait l'étude thermologique
d'un milieu quelconque, suivant les lois établies par Fourier [42].

On devra considérer deux points distincts : *la théorie de
l'échauffement et du refroidissement,* puis celles des *modifications* qu'apporte dans les corps l'échauffement ou le refroidissement qu'ils éprouvent. Dans le premier cas, il y aura encore à
envisager deux autres actions : suivant que les corps agissent
à distance ou bien *au contact.* Ce qui revient à considérer en
météorologie, en premier lieu, la chaleur rayonnante du soleil
sur le nuage et de celui-ci sur la terre, sous son double angle
de réflexion et d'incidence, et même de réfraction. En second
lieu, la conductibilité de la chaleur, au contraire, devra être
considérée par rapport à la surface entière du nuage, ainsi
que vis-à-vis de deux nuages qui se trouvent en présence l'un
de l'autre, à des distances plus ou moins considérables entre
les espaces du milieu ambiant, qui en sont dépourvues.

L'intensité de l'action thermométrique du soleil, par rapport à la surface du sol, dépend de trois conditions générales,
qu'il importe de bien distinguer. Elle est d'abord évidemment
diminuée par la plus grande distance et la plus grande décli-
naison de l'astre solaire ou du nuage. La loi générale suppose
habituellement que cette diminution a lieu en raison inverse
du carré des distances. La seconde est celle de l'influence de
la *direction* de *surface*, soit du corps échauffant, soit du corps
échauffé. Cette loi plus sûrement connue, d'après les expériences de Leslie [43] confirmées par la théorie mathématique
de la chaleur rayonnante créée par Fourier [44], est que l'intensité de l'action varie proportionnellement au sinus de l'angle
que les rayons de chaleur forment avec chaque surface. Enfin
la troisième condition résulte de la différence de température

entre les deux corps. Mais ici, il faut considérer le cas dans lequel cette différence de température n'étant pas très-grande, l'intensité du phénomène lui est exactement proportionnelle : au contraire, la loi est différente et inconnue, quand les températures sont très-inégales.

Quant à la propagation de la chaleur au contact, les températures ne pouvant être fort inégales, la loi de la proportionnalité de l'intensité d'action et de la différence des températures peut être regardée comme l'expression exacte de la réalité. Telle est la seule loi certaine relative à ce cas de la communication de la chaleur.

D'après les difficultés et le nombre de questions, non encore résolues, que présente, même aujourd'hui, l'étude abstraite et concrète de la chaleur, et à plus forte raison au point de vue de ses applications à l'étude biologique de l'homme, des animaux et des plantes, on concevra facilement l'importance de cette branche de la physique, qui se rattache d'un autre côté aux recherches météorologiques les plus compliquées sur la chaleur *solaire*, *diffuse*, *rayonnante* et *transmise*.

III. — *Action de l'électricité.*

Dans l'étude de la constitution électrique des nuages orageux, de même que dans les autres branches encyclopédiques, depuis l'astronomie jusqu'à la biologie et la sociologie, on doit d'abord considérer le cas *statique* du cas *dynamique*, c'est-à-dire la répartition de l'électricité dans la masse du nuage, envisagée à l'état d'équilibre, en attachant à cette expression un sens exactement analogue à celui dans lequel Fourier prenait l'équilibre de chaleur, et par conséquent parfaitement indépendant de toute idée mécanique sur l'équilibre d'un prétendu fluide électrique ; le second cas, justement qualifié de *dynamique électrique*, a pour objet l'étude des mouvements qui résultent de l'électrisation.

Peltier [45] est le premier et le seul physicien-météorologiste qui ait parfaitement senti la nécessité de recourir à cette distinction fondamentale dans l'étude générale des phénomènes électriques. Ce principe a souvent été pressenti par plusieurs, qui en ont prononcé le nom dans leurs énoncés généraux; mais conçu isolément et surtout appliqué à la recherche des causes premières, il a dû paraître insuffisant et être délaissé comme étant impraticable.

Peltier a très-bien fait sentir qu'un nuage n'est pas constitué comme une sphère métallique, terminé par une surface unie, comme le sont nos boules de cuivre, qui ont toute leur électricité à la périphérie; sa tension électrique n'est point également répartie autour de lui, et par conséquent l'électricité qui l'enveloppe et lui forme une sphère extérieure n'est qu'une portion de la masse totale qui renferme le nuage. Cette sphère extérieure se reproduit après chaque décharge, au détriment des quantités coercées par chacun des corps ou corpuscules qui concourent à former le nuage entier.

Un nuage est donc ainsi composé : les globules opaques ou transparents sont groupés par petits flocons, ayant leurs limites et leurs sphères d'action comme les globules eux-mêmes. Les petits flocons en se groupant forment des flocons plus gros, ceux-ci des mamelons; un certain nombre de mamelons par leur réunion forment une muelle, les muelles à leur tour forment des nuages définis; le groupement des nuages définis forme un Fracto-cumulus, puis un Cumulus, et plusieurs Cumulus, un Pallium. Pour bien comprendre les phénomènes électriques des nuages, il faut donc s'habituer à les concevoir comme formés d'une foule d'*individualités*, ayant toutes leurs sphères électriques particulières et indépendantes, en équilibre de réaction entre elles et en équilibre aussi de réaction avec la sphère générale extérieure de nuage.

Il en résulte donc qu'un nuage a deux sortes de tensions électriques, deux forces avec lesquelles il agit sur l'atmosphère ambiante et sur les corps voisins; l'une appartenant à la *quantité d'électricité* qui est coercée à la *périphérie*, l'autre à la *quantité gardée autour de chaque particule*. La première tension qui reste libre à la surface du nuage peut être dite *dynamique*, par la plus grande énergie de son action qui produit les décharges ignées de la foudre; l'autre, retenue autour de chaque molécule de vapeur, nommée *sta-*

tique, par sa plus faible intensité, n'agit que par des effets
d'attraction et de répulsion et de simple rayonnement. Ainsi
le premier terme représente assez bien l'idée des mouvements
qui résultent de l'électrisation, pendant que le second terme
signale la répartition de l'électricité dans la masse du nuage,
envisagée à l'état d'équilibre, quoique parfaitement indépendant de toute idée mécanique sur l'équilibre d'un prétendu
fluide électrique.

Ce n'est que par ce moyen que l'on pourra parvenir à bien
concevoir les différents effets statiques et dynamiques des
nuages, tels, par exemple, que le roulement du tonnerre, les
éclairs, les tonnerres sans éclairs, les éclairs sans tonnerre, la
foudre et la puissance énorme d'attraction de certains nuages.
Dans deux mémoires étendus j'ai déjà tâché, d'après ce principe, de me rendre compte des éclairs sans tonnerre [46] et
des tonnerres sans éclairs [47].

Aux considérations précédentes de Peltier, je dois ajouter
d'autres preuves convaincantes de la non complète similitude
des nuages avec un corps métallique plus ou moins sphérique,
et par conséquent sur l'impossibilité d'envisager strictement
l'équilibre électrique d'un nuage, d'après la loi de Coulomb [48]
sur l'équilibre électrique dans un corps isolé. Il faut premièrement remarquer que les études microscopiques de Peltier
sur les prétendues vésicules des vapeurs, soit au milieu d'un
brouillard, soit au-dessus de l'eau chaude, lui ont fait voir que
ces petits corps sont *mamelonnés* et non lisses, comme doivent
être des vésicules. En outre, en les observant sous un rayon
lumineux, en tenant l'œil dans l'obscurité, il remarqua qu'elles
ne réfléchissent pas la lumière spéculairement, mais qu'elles
la dispersent, et que leur aspect est *mat* et non brillant. Si,
à cette première considération, on ajoute celle que ces vésicules de vapeurs, qui constituent les nuages, ne sont pas
parfaitement sphériques, mais qu'elles affectent dans leurs
différentes dimensions plutôt la forme *sphéroïde*, on com-
prendra maintenant que la répartition de l'état électrique sur
les diverses parties de leurs surfaces ne peut être uniforme
comme elle le serait sur une sphère parfaite, mais qu'elle le
sera comme dans le cas d'un sphéroïde, où la réaction élec-

trique est plus considérable aux extrémités mêmes du grand
axe, et moindre aux extrémités du petit axe; la différence
entre les deux réactions étant d'autant plus considérable qu'il y
aura de différence entre la longueur des deux axes, suivant la
loi de Coulomb.

Ainsi, d'après ces considérations, les vésicules des nuages
peuvent être considérées dans leur individualité, selon le
caractère physique et la forme de leur surface, comme des
sphéroïdes, pleins ou vides, peu importe dans le cas actuel,
présentant non-seulement une réaction électrique plus grande
à l'extrémité du grand axe, mais encore sur toute leur surface,
d'après le degré de rugosité de celle-ci et la différence de
longueur des deux axes. De sorte que l'action des mamelons
qui recouvrent la surface des vésicules de vapeurs agissant
comme de véritables pointes très-courtes, très-fines et très-
parfaites, est analogue à la propriété conductrice des corps
incandescents s'exerçant non pas au moyen des produits de
leur combustion, mais en vertu d'un état particulier de leur
surface, qui se conduit comme si elle était recouverte de
pointes très-fines et dont l'analogie complète entre le mode
d'action de ces corps et celui des pointes, a été reconnue
par M. Riess. C'est encore par l'action de pointes analogues
très-courtes, mais très-parfaites, que, d'après une ancienne
expérience, on réussit à décharger un conducteur électrisé
en lui présentant à distance un morceau d'amadou fait
avec l'agaricus du chêne, sans avoir même besoin de l'allu-
mer, ce qui tient aux pointes à peine visibles, dont toute
la surface de cette espèce d'amadou est recouverte. Il est
facile de s'assurer de l'existence, dans un corps en combustion, de pointes semblables qui se détruisent et se renouvel-
lent constamment [49].

On conçoit encore que, si des sphéroïdes plus ou moins
allongés se comportent aux extrémités de leurs axes aussi
bien que sur toute leur surface, à la manière des pointes, par
où la réaction électrique trouve un libre passage, d'après sa
densité plus ou moins considérable et la résistance du milieu,
on conçoit, je le répète, combien, à plus forte raison, les innombrables cristallisations aqueuses, depuis les plus fines

aiguilles jusqu'aux plus volumineux grêlons qui flottent constamment dans les nuages, doivent présenter autant de pointes
très-fines, mais très-parfaites, dont l'action et la réaction
continues qui s'établissent entre elles doivent tendre inces-
samment à détruire et à rétablir l'équilibre électrique.

C'est à l'aide d'un rayonnement de cette nature, uni à l'humidité des grêlons déjà constitués, que Peltier a pu se faire
une idée de leurs formes rayonnées, de leurs boutons, de leurs
épines, de leurs arêtes, et en général de leurs diverses évolutions et transformations de formes, et de leurs multitudes
d'aspérités, dont Volta n'a pas tenu compte dans sa théorie.
Qui sait si ces innombrables décharges, à l'aide des pointes
qui recouvrent la surface des sphéroïdes aqueux, n'ont pas
quelque influence, jusqu'ici indéterminée, sur la production
des météores lumineux dont on attribue l'origine à des effets
de réflexions et de réfractions des rayons solaires sur les
vésicules de vapeurs, en les supposant plutôt vides que pleines.
Mais peut-être cette hypothèse pousserait-elle trop loin l'action de ces pointes et l'analogie ou la similitude de ces deux
sortes de phénomènes. L'idée qui m'a conduit à envisager
cette hypothèse ressort de la considération de l'expérience de
M. Dove [50], qui a trouvé que les éclairs les plus prolongés
en apparence étaient formés de la succession de décharges
électriques, dont la durée ne représentait, pour chacune
d'elles, aucune fraction appréciable du temps dans lequel le
cercle de Busalt accomplissait une révolution, savoir une
tierce, dans des circonstances favorables. Elle résulte également de cette considération, que l'on peut poser en termes généraux, que toute décharge électrique est formée de la même
succession d'une multitude de décharges partielles qui sont à
la fois lumineuses.

Ainsi, d'après l'ensemble de ces considérations, la remarque que j'ai faite plus haut sur l'impossibilité d'envisager la
répartition de l'équilibre électrique sur des surfaces métalliques et continues, comme étant identique à celle qui a lieu à
la surface des nuages, me paraît être confirmée. En outre, il
est facile de voir que chaque sphéroïde aqueux, aussi bien que
chaque flocon, chaque mamelon, chaque muelle, chaque nuage

défini, en un mot, ayant des surfaces individuelles et collectives, recouvertes et entourées d'aspérités mobiles, offre une opposition constante à l'équilibre électrique qui ne peut, de la sorte, jamais s'établir d'une manière complète sur la périphérie de ces masses nuageuses ; car la répartition uniforme de l'équilibre électrique ne peut avoir lieu qu'à la surface d'une sphère parfaite. De même, la forme sphéroïde de chaque vésicule de vapeur, aussi bien que les aspérités et les échancrures mobiles des flocons, des mamelons, des muelles et des nuages définis, s'oppose également à l'équilibre électrique des parties internes du nuage, d'après la loi de Coulomb. De là, cette foule d'*individualités* dont le nuage se compose, ayant toutes leurs sphères électriques particulières et indépendantes en équilibre aussi de réaction avec la sphère générale du nuage. C'est à cet état particulier de l'intérieur du nuage que j'ai donné plus haut le nom de réaction *statique*.

Quant à la couche périphérique du nuage, il est facile de concevoir qu'elle ne peut, pas plus que les parties internes, se trouver à aucune époque à l'état d'équilibre parfait, car il faudrait pour cela, d'après la loi de Coulomb, que le nuage puisse conserver son électricité, en restant à l'abri de toute influence extérieure. Alors la figure de la couche résulterait de l'équilibre des forces répulsives de toutes les molécules qui la composent, en les supposant soumises à la loi de l'inverse du carré. Il faudrait, en outre, qu'elle ne puisse exercer ni attraction, ni répulsion, ou, en d'autres termes, aucune action sur un point quelconque placé dans l'intérieur du nuage. Car dans cette dernière circonstance, l'action et la réaction électrique ayant lieu de la surface à l'intérieur et de ce point à la surface de nouveau, l'équilibre serait rompu, ce qui n'est pas le cas d'après les expériences de Coulomb sur des corps conducteurs isolés. Ainsi l'équilibre ne pourrait subsister dans un nuage, qu'autant que la résultante de toutes les forces répulsives sur un point intérieur serait égale à zéro.

Laplace [51] a donné la condition qui doit être remplie pour que l'attraction d'une couche déterminée par deux surfaces à peu près sphériques soit égale à zéro, relativement à tous les points intérieurs ; en supposant donc que l'épaisseur de cette couche devienne très-petite, on en conclura immédiatement la distribution de l'électricité à la surface d'un sphéroïde peu différent d'une sphère. Mais cette condition déterminée par Laplace, dans le cas qu'il présente, n'est nullement et jamais remplie dans celui des nuages orageux, où plus ce caractère se trouve être prononcé et plus l'épaisseur des couches périphériques propres aux grandes accumulations internes, aussi bien qu'à la couche générale, est de plus en plus considérable.

Toutes ces conditions qui se réalisent sur des conducteurs et des surfaces métalliques unies et isolées ne peuvent nullement s'obtenir ni sur aucune des surfaces de chaque individualité des particules vésiculaires, ni sur leur agglomération en groupes distincts, ni sur leurs surfaces générales, dans un milieu plus ou moins conducteur, qui se trouve constamment troublé par des actions et des réactions électriques et d'autres natures. Ainsi, dès l'instant que le nuage plus ou moins orageux s'est constitué, il est évident que l'équilibre électrique a été rompu, et il ne peut être rétabli que par la *disparition du nuage même*. Tous les nuages étant plus ou moins électriques, ils sont aussi plus ou moins orageux. De sorte que le degré d'électrisation, la tension de leur action et réaction électrique, la nature et l'intensité de leurs manifestations et des météores qu'ils engendrent, ne sont que de simples variations en *quantité* et non en qualité, dues à la *masse* et à la *forme* de la matière mise en mouvement, et par suite à la masse et à la forme de l'état électrique, inséparable de la matière pondérable elle-même.

Ce fait résulte d'une application simple, mais exacte des lois découvertes par Coulomb, Poisson et Plana, sur la répartition de l'équilibre électrique à la surface des corps, et sur les rapports existant entre l'épaisseur de la courbe électrique et les forces qui en émanent. Le calcul sur cette dernière question, repris par Plana en 1845, après Poisson, est complétement indépendant de la cause, quelle qu'elle soit, qui retient l'électricité libre à la surface des corps conducteurs.

Après avoir déterminé, du moins je le pense, le véritable caractère de l'équilibre électrique dans les nuages orageux, il ne me reste plus, pour achever cette question, qu'à considérer isolément la répartition de cet état électrique à la surface des nuages, selon les formes diverses qu'ils affectent. Ici, comme dans le cas précédent, c'est encore aux lois physiques découvertes par Coulomb sur cette répartition et aux lois mathématiques formulées par Laplace, par Poisson [52] et par Plana [53], sur la détermination de l'épaisseur de la couche électrique pour les différents points de la surface d'un corps conducteur d'une forme quelconque et les forces qui en émanent, que l'on doit recourir, si l'on veut se faire une idée exacte de la réaction électrique dans les nuages orageux.

Tout le monde sait que la réaction électrique est si considérable à l'extrémité d'une pointe, que l'électricité s'en échappe pour se porter à travers l'air, vers les corps les plus voisins ou pour se répandre simplement dans l'atmosphère. D'après ce qui a été dit plus haut, il est facile de voir que ce remarquable pouvoir des pointes, découvert par Franklin, est une conséquence naturelle de la répartition de l'état électrique, d'après la forme des corps pointus. De sorte que la réaction électrique est plus considérable aux extrémités des deux axes d'un ellipsoïde, à l'extrémité également d'un cylindre, d'un corps prismatique, vers les crêtes vives d'un corps anguleux, au sommet d'un cône, vers les extrémités d'une série de sphères en contact, d'égale grandeur; mais si les sphères en contact vont en diminuant de grandeur, à partir d'une extrémité à l'autre, la réaction électrique va en augmentant depuis la plus grosse jusqu'à la plus petite, où elle est la plus considérable; finalement, la répartition de l'état électrique n'est *uniforme* que sur une surface parfaitement sphérique. Ainsi Coulomb a démontré que la nature des surfaces n'exerce aucune influence sur cette répartition de l'état électrique, mais qu'elle dépend uniquement de leur *figure* et de leur *grandeur*; seulement, l'état électrique que prend chaque surface est plus ou moins persévérant et se manifeste avec plus ou moins de rapidité, suivant le degré de conductibilité. En résumé, on peut considérer une pointe, comme étant l'extrémité ou d'un ellipsoïde ou d'un cylindre très-allongé, ou même d'une série de sphères en contact, dont les dimensions vont graduellement en décroissant.

Maintenant personne n'oserait nier, je l'espère, que l'étude de la répartition de l'état électrique à la surface des nuages doit être nécessairement et préalablement considérée au point de vue de leur *figure*, de leur *grandeur* et de leur *masse;* puisque cette répartition de la couche électrique, sa tension inégale ou uniforme, son épaisseur, ainsi que les rapports qui existent entre cette épaisseur de la couche électrique et les forces qui en émanent, dépendent de ces trois éléments : *figure, grandeur* et *masse.*

M'étant proposé, dans cette première partie de mon travail, de traiter uniquement le point de vue abstrait de la météorologie, quant à la doctrine et à la méthode, je ne pourrai pas m'étendre à la partie concrète de ces vues dans leur application à la répartition de l'état électrique à la surface des nuages, d'après leur figure, leur grandeur et leur masse. Les filaments des *Cirrus*; les formes arrondies et des plus bizarres des *Cumulus*; les formes moutonnées ou pommelées des *Cirro-cumulus*; les petites bandes filamenteuses stratifiées et serrées des *Cirro-stratus*; enfin les formes caractérisées des masses nuageuses plus denses, étendues, ou à bords bien circonscrits, des *Pallium*, nous fourniront une multitude de formes, de grandeurs, de masses diverses propres à la détermination de la répartition de l'état électrique sur leur surface, d'après même la seule inspection visuelle. A plus forte raison, cette répartition est-elle facile à saisir, d'après une juste exploration expérimentale, basée sur l'ensemble des lois déjà énoncées.

Par exemple, lorsque l'électricité tend continuellement à se porter vers la périphérie du nuage où elle exerce, sans cependant s'y accumuler en entier, une pression du dedans au dehors, à laquelle résiste la pression atmosphérique, il est facile de déterminer *à priori* que la couche électrique sera plus ou moins dense, ou que l'état électrique sera plus sensible sur les contours du nuage qui seront plus ou moins arrondis, anguleux ou coniques. La pression qu'exercera l'état électrique sera en raison composée de l'épaisseur de la couche et de la force répulsive de la surface ou proportionnelle au carré de l'épaisseur. De sorte que la pression de l'état électrique contre l'air sera, suivant la forme du nuage de

laquelle dépend l'épaisseur de la couche, très-différemment
distribuée sur les parties saillantes de la périphérie, pouvant
même devenir infinie sur quelques points, par rapport à
d'autres, d'un état électrique plus faible. Lorsque cette pression surpasse, dans quelque partie de la périphérie du nuage,
la résistance que l'air lui oppose, alors l'air cédera et la force
électrique s'échappera comme par une ouverture, en produi-
sant les diverses manifestations ou les phénomènes des éclairs
et de la chute de la foudre. Entre ces extrêmes, on conçoit
tous les intermédiaires possibles, selon l'épaisseur de la
couche et les forces qui en émanent, suivant les pointes plus
ou moins rayonnantes dont la périphérie sera recouverte, la
nature et le degré de conductibilité du milieu interne et
externe. Les phénomènes qui en résulteront seront donc des
manifestations intermédiaires diversement modifiées, entre
celles de l'éclair et de la foudre, pouvant donner lieu à la formation des éclairs sans tonnerre, des tonnerres sans éclairs,
des diverses formes d'éclairs, des différentes intensités du tonnerre, de la foudre sphéroïdale, etc. Seulement, je ferai remarquer avec Peltier, que les nuages orageux étant terminés
ordinairement par des échancrures, agiraient toujours plus
énergiquement sur l'air par leurs rayonnements que par leur
tension, si leur conformation spéciale ne s'opposait à un
rayonnement trop accéléré, et si cette même conformation ne
faisait pas prédominer quelquefois les efforts de la tension
statique de l'électricité. Cependant l'effet le plus ordinaire des
nuages orageux sera de produire au-dessous d'eux des courants fuyant du centre à la circonférence, comme nous le
verrons à l'instant, et rarement marchant de la circonférence
au centre. Enfin, l'état de tension et d'aspérités rayonnantes
peut se concevoir de telle sorte que l'air, à quelque distance,
reste calme, et qu'il n'y ait d'agité que la portion touchant
immédiatement le corps. Avec des dispositions favorables,
Peltier a pu reproduire successivement ces divers résultats.

    Lorsque l'électricité s'écoule par une pointe, cet écoulement
est toujours accompagné d'un mouvement de l'air qui est semblable à celui d'un souffle frais et qui a été nommé *vent électrique*. Ce vent peut être rendu sensible en étant dirigé contre

la flamme d'une bougie, contre les ailes d'un petit moulin de carton qu'il fait tourner, contre la poudre de lycopode placée sur l'eau, qu'il chasse devant lui. C'est à cette agitation de l'air, ou plutôt à la répulsion que le courant électrique qui le traverse exerce sur celui de la pointe d'où il sort, qu'est due la rotation du moulinet électrique. Le vent électrique favorise en outre le refroidissement et la vaporisation des liquides. Cette remarque, faite depuis longtemps par plusieurs physiciens, a été constatée par Peltier [54] d'une manière exacte. Ainsi, il est évident que la transmission rapide de l'électricité à travers des conducteurs imparfaits, tels que l'air, tend à faire écarter les unes des autres les particules. On remarque très-bien cet effet quand, dans l'obscurité, on étudie l'aigrette lumineuse qui est composée de filets divergents formés de petites particules rendues lumineuses par le passage de l'électricité. Cette même tendance s'observe également dans le cas où les conducteurs imparfaits sont liquides. Faraday a fait des expériences très-curieuses à cet égard avec de la cire à cacheter rendue fluide par la chaleur, avec une goutte d'eau gommée, une goutte de mercure ou de chrolure de calcium. Boze [55], dès 1745, et l'abbé Nollet, en 1748 [56], avaient déjà fait des expériences avec de l'eau placée dans un entonnoir en métal muni de quelques ouvertures capillaires, et communiquant avec le conducteur électrique.

Mais les expériences les plus remarquables, et qui ne sont qu'une reproduction en petit de ce qui se passe sur une plus grande échelle dans les nuages orageux, sont évidemment celles de Peltier. C'est ainsi que cet habile expérimentateur, en faisant usage, pour imiter l'atmosphère autant que possible, de la fumée des résines, a pu se rendre compte, sur une petite échelle, de la marche des courants, qui proviennent des nuages orageux en général, et des trombes en particulier. Il a pu également reproduire ces petits tourbillons que l'on observe souvent sur les bords des nuages, dans les montagnes, au moyen du miroir noirci, et qui contribuent aussi à donner à l'ensemble ces formes arrondies des *Cumulus* analogues à celles des tourbillons de fumée qui s'échappent d'une cheminée, ainsi que Kaemtz l'a constaté souvent. Ne pouvant

présenter ici une analyse complète des belles expériences
de Peltier, je renvoie le lecteur à son *Traité sur les Trombes*, p. 67, où il en trouvera tous les détails. Il me suffira donc
d'ajouter que ce n'est qu'en étudiant des masses de vapeur
et différents corps solides, liquides et gazeux, en se plaçant
comme l'a fait Peltier dans des circonstances convenables,
que l'on pourra apprécier l'influence des nuages électriques
sur l'atmosphère, en observant toutes les phases de leur agitation. Mais il ne faut pas perdre de vue que l'effet le plus ordinaire des nuages orageux, de produire au-dessous d'eux des
courants fuyant du centre à la circonférence et rarement marchant de la circonférence au centre, ne manque pas d'avoir
une valeur réelle dans la formation de plus d'un phénomène,
que le but de ce travail m'empêche cependant de prendre en
considération pour le moment.

Remarques et cycles météorologiques.

J'ai développé cette nouvelle classification des nuages dans
la session semestrielle de l'Académie nationale des sciences
tenue à Washington en 1870. M. Moore, propriétaire du *Rural
New Yorker*, exprima le désir de la faire connaître dans son
excellent journal d'agriculture. L'intérêt pratique pour les
agriculteurs lui a paru tellement considérable qu'il ne s'arrêta
point devant les dépenses assez élevées des seize planches gra-
vées sur bois qui accompagnent ma classification [57]. A la suite
de cette publication, le savant professeur, Joseph Henry,
directeur du *Smithsonian Institution*, demanda à M. Moore
l'autorisation de reproduire ces planches dans les Rapports
annuels de cet établissement scientifique, où ma communication parut en 1870, avec une introduction historique que
j'y ajoutai [58]. Ce travail vient d'être aujourd'hui revu, cor-
rigé et considérablement augmenté. Les planches ont été en
outre grandement perfectionnées, grâce à la chromo-lithogra-
phie et augmentées de deux nouvelles formes de nuages
observées à Mexico et à Beloit, États-Unis. La planche du
Pallio-cumulus orageux a été bien mieux rendue par l'addi-

tioe du Pallio-cirrus supérieur et la chute de la pluie entre
ces deux couches, ainsi que vers le sol. Les savants sont donc
priés de consulter de préférence ce nouveau travail publié
dans les *Annales hydrographiques*.

Au sujet de la dispersion des nuages sous l'influence de la
pleine lune, dont il a été question plus haut, on peut consulter
un phénomène remarquable de la dispersion d'un Fracto-cumulus par une décharge électrique qui traversa le nuage et le divisa
en petits fragments, observé par D. W. Naill [59].

On sait aujourd'hui que les aurores polaires sont également
visibles la nuit comme le jour. Le Père Secchi en observa une
de dix heures du matin à midi le 15 août dernier. Il se forma
un arc de Cirrus légers, du N. N. O. au N. E., couronné dans
tout son contour de jets filamenteux, très-nombreux et fantastiques. Les formes de ces jets ressemblaient si parfaitement à
celles des protubérances solaires que certains de ces dessins,
même pour des personnes très-accoutumées à ces observations, peuvent être pris pour des dessins de protubérances [60].

Dans une note ajoutée à la traduction du Cours de météorologie de Kaemtz, Charles Martins s'exprime ainsi : « La tendance qu'ont les Cirrus à se disposer suivant des bandes parallèles entre elles est remarquable, et prouve que la cause
qui dirige leurs filaments suivant tel azimuth plutôt que suivant
tel autre, au lieu d'être simplement locale et accidentelle, s'é-
tend à de grandes distances. »

J'ai rapporté ces indications dans le but d'énoncer que l'o-
rientation aux Antilles des grandes bandes de Cirrus est effec-
tivement, dans la plupart des cas, approximativement du N.
au Sud. Déjà Kaemtz, Bravais et Charles Martins avaient trouvé
que l'orientation prédominante sur le Faulhorn était du S. O.
au N. E. D'après les membres de la commission du Nord, le
phénomène s'y présente plus fréquemment en Laponie que dans
les zones tempérées. L'orientation des Cirrus est, dans cette
haute latitude, de l'O. q. S. O. à l'E. q. N. E. De Humboldt a
trouvé qu'à l'équateur les bandes parallèles étaient généralement dirigées du N. au S.

Charles Martins ajoute : « La cause qui oriente ainsi les grands
axes de ces nuages suivant les lignes parallèles est encore in-

connue. Forster, le premier, a fait la remarque très-juste que presque toujours ces nuages marchent suivant une parallèle à leurs grands axes, ce qui contribue beaucoup à les rendre immobiles en apparence. Bravais, sans connaître l'observation de Forster, était arrivé à la même conclusion. Plusieurs météorologistes (Howard, Forster, Peltier) paraissent croire que ces Cirrus servent de conducteurs entre deux foyers lointains d'électricité de nom contraire dont les fluides tendent à se recomposer, et que la flexibilité des nuages conducteurs finit par leur donner la forme rectiligne nécessitée par la condition du plus court chemin d'un foyer à l'autre » [61].

J'ai énoncé, dès le début de mes observations à la Havane, que les bandes de Cirrus marchent toujours dans la direction du grand axe, fait qui m'avait été nié par le maréchal Vaillant; mais, sans rejeter l'influence que l'électricité peut avoir dans la forme rectiligne des Cirrus, je crois que les jets filamenteux d'une étendue considérable et ces formes fantastiques que l'on observe souvent dans ces nuages sont principalement dus à la présence de quelque aurore polaire qui se développe pendant le jour. Une étude plus approfondie des diverses apparences des Cirrus et parfois des Cirro-cumulus nous mettra à même de découvrir un plus grand nombres d'aurores polaires à toutes les heures de la journée. Dès à présent, les perturbations électro-magnétiques qu'éprouvent les lignes télégraphiques et les magnétomètres, les taches et les éruptions solaires, et même les ondes barométriques et les vents rectangulaires suivant les dernières idées émises à l'Académie des sciences par J.-J. Silbermann [62], sont toutes des manifestations cosmiques et terrestres très-intimement liées entre elles, qui nous révèlent la présence de quelque aurore diurne.

Je tiens encore à faire comprendre que je n'entreprends pas une classification uniquement basée sur les apparences que présentent les nuages à la Havane ou sur un point quelconque des Antilles. Ma classification est au contraire applicable à toutes les latitudes du globe. Si elle a été provoquée par mes études et mes observations sous le beau ciel tropical de la Havane, c'est parce que les phénomènes météorologiques présentent dans la zone intertropicale une régularité surprenante, qui s'ef-

face à mesure que l'on se rapproche des perturbations inhérentes aux latitudes plus élevées. Ce fait n'avait pas échappé à
la sagacité de Humboldt qui dit : « Ainsi la multiplicité des
perturbations se complique encore de l'éloignement des causes
souvent inaccessibles, et j'ai peut-être eu raison de croire que
la météorologie devait chercher son point de départ et jeter
ses racines dans la zone tropicale, région privilégiée, où les
vents soufflent constamment dans la même direction, où les
marées atmosphériques, la marche des météores aqueux et les
explosions de la foudre sont assujetties à des retours périodiques » [63]. La zone équatoriale est encore le point de départ
de toutes les grandes manifestations météorologiques du globe :
des vents alizés, des ouragans, du Gulf-Stream, des courants de
la mer, ainsi que d'une masse de perturbations qui s'étendent
jusqu'aux régions glaciales. Il y a plus de quinze ans que j'ai
fait sentir cette influence quant aux orages et les tracés des
trajectoires des ouragans par Redfield, le premier, puis les
études de Hennessy [64] à l'égard de l'influence du Gulf-Stream
sur le climat des îles Britanniques, et autres recherches récentes, n'ont fait que confirmer l'énoncé d'une vérité qui paraissait alors trop anticipée [65].

En dehors de ces considérations puissantes il ressort de ma
nouvelle classification, quels que soient ses avantages pratiques,
un second fait, à savoir : que le Stratus-brouillard et le Nimbus
de Howard ont été faussés par tous les météorologistes, dans
leur description et encore plus dans les planches de ce dernier
nuage. Le Stratus est tout aussi bien applicable à un nuage
quelconque vu par projection à l'horizon, tandis que le Nimbus ne rend nullement compte des deux couches pluvieuses
qui se trouvent superposées dans l'atmosphère. Enfin le Cumulo-stratus et le Strato-cumulus sont synonymes du Cumulus
proprement dit, etc. etc.

L'idée de la localisation restreinte de certaines manifestations normales ou perturbatrices est une idée aussi petite,
aussi irrationnelle que l'est, au point de vue moral, l'idée étroite
des nationalités. Tout aujourd'hui tend au contraire au *cosmo-
politisme*. C'est cette idée grandiose et vraie qui fait que les
savants les plus éminents commencent déjà à rechercher la

cause première de nos perturbations terrestres dans les perturbations solaires, dans les éruptions des taches et des jets
prodigieux d'hydrogène de l'astre lumineux, auxquelles on
attribue déjà les variations de l'aiguille aimantée, les orages
magnétiques, les aurores polaires, la lumière zodiacale, les ouragans, l'électricité atmosphérique, les cycles des saisons sè-
ches et humides, des températures, etc., etc., et jusqu'à la ma-
ladie des pommes de terre d'après un article de l'excellent
journal *Nature*. Le parasite *Botrytis* ou *Peronospera infes-
tans*, qui fit, en 1842, sa première apparition chez nos voisins,
ravagea les pommes de terre pendant les années de 1845 à 1846,
fit une nouvelle apparition de 1859 à 1861 et vient de reparaître cette année, avec le même développement qu'en 1845 [66].
Eh bien, ces trois périodes correspondent à peu près au maximum du cycle des taches solaires, et de là les rapports que
l'auteur anonyme trouve entre ces deux apparitions. Le rédac-
teur du *Gardner's Magazine* est du même avis.

Ce rapprochement n'a rien qui puisse nous surprendre, quand
on songe aux différentes manifestations des phénomènes cosmiques et atmosphérico-terrestres qui sont régis par une loi
générale, en vertu de laquelle les mêmes circonstances ramè-
nent périodiquement les mêmes phénomènes dans des cycles
plus ou moins longs que l'on commence déjà à entrevoir;
cycles qui s'étendent également aux phénomènes biologiques,
moraux et sociaux. Quelques faits, à l'égard des phénomènes
agricoles, d'une plus grande complication, confirmeront, je
l'espère, la vérité de ce fait, et que voici : C. Wren Hoskyns
affirme, dans une lettre adressée au *Times*, que pendant une
période de trente-deux ans, de 1827 à 1859, le prix du blé a
suivi en Angleterre une marche quaternaire, c'est-à-dire
que pendant quatre ans le blé montait et descendait pendant
les quatre autres années suivantes [67]. Le Rev. R. Everest a
trouvé dans une longue période que le prix du maïs dans
l'Inde suivait également une période de hausse et de baisse
comprise dans un cycle de neuf ans [68]. Le lieutenant George
Makenzie affirme que dans une période de vingt-sept à vingt-
sept ans les saisons en Angleterre sont alternativement favorables ou contraires à la culture des céréales [69]. Enfin, le comte

Abel Hugo publia en 1853 un mémoire remarquable dans lequel il soutient, à l'aide de chiffres, que l'abondance et la disette du froment et des céréales en France alternent entre elles par périodes de cinq ou six années au plus [70]. Le songe expliqué par Joseph, dit-il, renferme une vérité éternelle : « Toujours les vaches grasses sont dévorées par les vaches maigres ; aux années d'abondance succèdent toujours des années de disette. » Il paraîtrait que les patriarches hébreux et les prêtres égyptiens, dont Joseph, pendant sa captivité, a pu recevoir les leçons, avaient déjà connaissance de cette grande loi des retours périodiques des phénomènes météorologiques et agricoles. « Si cette durée était septennale en Égypte, ajoute Hugo, elle paraît être quinquennale ou tout au plus de six ans en France. »

Je pourrais encore multiplier mes citations, mais les précédentes suffisent, je crois, pour rendre palpable le fait que les cycles des récoltes sont intimement liés aux cycles des manifestations météorologiques et dépendant de la distribution annuelle et séculaire des températures, des pluies, des vents, etc.; ceux-ci à leur tour sont encore non moins liés au mouvement des principaux corps célestes, à leur condition climatologique et principalement aux perturbations qui prennent naissance à la surface du soleil.

Plusieurs savants se sont efforcés d'établir des cycles météorologiques, comme ceux de 9 et 18 ans de Luke Howard pour la moyenne barométrique, thermométrique, les pluies, les saisons[71] ; de 9 et 19 ans de Toaldo pour les pluies, les sécheresses, les saisons, etc., [72] ; de 101 ans ou ses multiples d'Antoine Salle [73] ; de 19 ans de Grand-Jean de Fouchy [74] et de 41 ans d'Emile Renou pour les hivers rigoureux ; d'après ce dernier savant les hivers centraux sont distribués sur un espace de 20 à 21 ans, de manière à occuper la moitié du temps dans la série des siècles, parcourant dans cet intervalle la moitié de chaque hémisphère la plus rapprochée des pôles [75]. James Glaisher a encore trouvé, d'après quatre-vingts années d'observations faites à Londres et à Greenwich, que des groupes d'années chaudes alternent avec d'autres groupes d'années froides, de manière à ce que la moyenne annuelle de la tem-

pérature monte et baisse d'après une série de courbes elliptiques qui correspondent à des périodes ou cycles de 14 ans [76].

De tous les efforts qui ont été tentés dans cette voie, ceux
du lieutenant Georges Mackenzie sont assurément les plus remarquables et les moins connus des météorologistes modernes.
D'après son cycle de dix-huit ans subdivisé en périodes qua-
ternaires, il était facile de prévoir l'hiver rigoureux de 1870
à 1871, qui fut également prévu par Renou suivant une méthode différente basée sur la marche séculaire de la température, ainsi que par de Tastes, d'après l'observation des courants
atmosphériques [77]. A propos de la prévision de Tastes, Charles
Sainte-Claire Deville fit la remarque suivante : « Reste à savoir,
ce qui est possible, si la *persistance dans certains courants
atmosphériques* (le courant équatorial) dont parle de Tastes
n'est pas elle-même périodique, auquel cas les deux considérations s'appuieraient l'une sur l'autre [78]. » Le système de cycles
et de prévisions du lieutenant Mackenzie repose principalement sur la prédominance alternative des vents d'E. sur les
vents d'O. [79]. La brochure que Mackenzie publia en 1821,
sous le titre de *The system of the Weather in the British Islands*,
fut alors remise à l'Académie des sciences de Paris, qui chargea
le baron de Humboldt de faire un rapport, lequel malheureusement n'eut jamais lieu. Pendant l'espace de presque vingt
ans, cet infatigable observateur fit paraître annuellement ses
observations prophétiques sous la forme de Rapports et de
Manuels. Il dépensa dans la vulgarisation de son système,
depuis 1817 jusqu'en 1856, la somme de dix mille francs sans
avoir perçu le moindre remboursement. Des efforts aussi loua-
bles sont certainement dignes d'être pris en considération,
quant à la valeur scientifique de son système.

Le nombre de cycles déjà considérable que les météorologistes ont cru devoir établir, d'après des méthodes fort différentes, n'a pas peu contribué à introduire dans ces recherches une confusion au détriment de cette importante branche
de l'art de prévoir d'après des lois fixes; car comme l'a très-
bien dit Auguste Comte : « Science, d'où prévoyance ; prévoyance, d'où action. Savoir c'est prévoir, la prévoyance est
en toute chose la source de l'action [80]. » Cette divergence a

été cause que des savants éminents, qui auraient pu d'un
seul trait élever la prévision météorologique à la plus haute
précision possible, se soit au contraire détournés avec dé-
goût de cette étude capitale, à tel point que le grand Arago
s'écria un jour : « *Jamais*, quels que puissent être les progrès
des sciences, les savants de bonne foi et soucieux de leur
réputation ne se hasarderont à prédire le temps » [81]. L'ami
intime d'Arago, l'éminent baron de Humboldt, n'a pas été si
exclusif, car il admettait la possibilité de prévoir dans des
limites, il est vrai, fort restreintes, les changements de l'atmosphère [82]. D'un autre côté les *Prévisions télégraphiques*, établies
au *Board of Trade* de Londres par l'amiral Fitz-Roy, suivies de celles de l'Observatoire de Paris et du corps des officiers
de l'armée des États-Unis [83], ont donné un démenti formel aux
assertions d'Arago. Cependant cette opinion catégorique d'A-
rago a dû être provoquée, comme le remarque Buys-Ballot,
par la pensée suivante de ce savant qui se trouve à la même
page : « Puisse le dépit que j'ai ressenti, en voyant paraître
sous mon nom une foule de *prédictions ridicules*, ne m'avoir
pas entraîné, par une sorte de réaction, à donner une importance exagérée aux causes de perturbation que j'ai énumérées. »
Buys-Ballot répond à la remarque d'Arago « Puisse le dépit
que j'ai ressenti en voyant paraître sous son nom une foule de
difficultés, une hypothèse nuisible, ne m'avoir pas entraîné,
par une sorte de réaction, à perdre un peu le respect extrême
que d'ailleurs je dois à M. Arago. Mais, toutefois, c'est une
hypothèse nuisible que de nier la possibilité de faire des
progrès dans une science ; c'est arrêter les investigations au
lieu de les faire redoubler. Cette hypothèse est doublement
nuisible si elle sort de la bouche d'un savant comme M. Arago » [84]. Il nous a semblé convenable d'insister sur cette question à cause du même dépit que quelques savants *soucieux de
leur réputation* éprouvent toujours pour les prédictions ou plus
modestement les *prévisions* météorologiques. Il est donc grandement temps de savoir à quoi s'en tenir, car on trouve la
croyance populaire et scientifique aux cycles des saisons profondément enracinée dans l'esprit dès le berceau de l'humanité.
Jean-Baptiste Biot nous a fourni la traduction , revue par

Stanislas Julien, d'un cycle de saisons tiré du *Tcheou-chou*, que la tradition fait remonter à la plus haute antiquité [85].

J'ai cru devoir ajouter deux mots sur les périodes et les cycles météorologiques afin de faire mieux sentir la valeur extrême de l'étude des nuages ainsi que la nécessité première de s'entendre une bonne fois sur leur classification, dès l'instant que celle de Howard, d'ailleurs excellente pour son époque, ne répond plus au progrès actuel de la météorologie. J'ai déjà dit que je soupçonne l'existence d'une grande rotation annuelle des vents et des nuages sous la latitude de la Havane, analogue aux rotations mensuelles que j'ai signalées d'après les observations horaires faites sous ma direction, en 1863, à l'observatoire de cette ville. Ces rotations paraîtraient commencer et se terminer au N. pour les Cirrus en octobre, pour les Cirro-cumulus en novembre, pour les Cumulus en décembre, et pour le vent en janvier. Si l'on veut bien combiner cette indication avec les dernières recherches de Tastes, sur les courants atmosphériques, avec l'idée énoncée par Deville sur la possibilité d'une périodicité du courant équatorial, avec les déductions d'Adhémar sur la période glaciale de dix mille ans due à la précession des équinoxes, avec les changements séculaires dans la direction des alizés, du Gulf-Stream, des courants de la mer [86], avec ma loi de l'évolution similaire des phénomènes météorologiques, etc., [87], il est actuellement impossible de prévoir jusqu'à quel point une simple et exacte inspection, une annotation quotidienne des nuages devra à la longue avoir une immense portée et nous fournir des données scientifiques de la plus haute importance au point de vue des prévisions météorologiques.

Qu'il me soit permis de recommander au futur congrès météorologique de Vienne les considérations dans lesquelles je suis entré à l'égard des avantages pratiques que peut offrir ma nouvelle classification dans l'étude uniforme et comparative des nuages.

J'avais oublié de signaler qu'Elias Loomis, à la suite des observations qu'il fit sur les nuages à Hudson, Ohio, pendant les années de 1838 à 1841, avait adopté la classification de Howard, sauf le Nimbus qu'il rejeta. Il ne voyait d'autre différence entre ce nuage et les autres du météorologiste anglais que dans le fait de la production de la pluie, circonstance qui ne lui semblait pas suffisante pour justifier ce nouveau type ; d'un autre côté, il observait dans la plus grande partie de l'hiver une couche de nuage parfaitement déterminée et immobile, d'où la neige se détachait pendant des journées entières. Il donna donc le nom de *Stratus* à tous les nuages qui recouvraient le ciel d'une couche uniforme, type qu'il considéra être le plus fréquent dans toutes les saisons, sauf en été où le Cumulus prédominait [88]. Cette opinion du professeur Loomis confirme de nouveau à combien d'erreurs l'interprétation du Nimbus de Howard a donné lieu, pendant qu'elle justifie, sous le poids d'une nouvelle autorité, l'existence réelle de mes deux couches de nuages, de mes *Pallio-cirrus* et de mes *Pallio-cumulus*.

Paris, 12 novembre 1872.

AUTEURS CITÉS DANS LA CLASSIFICATION DES NUAGES.

(1) POEY (A. — Sur la rotation azimutale des nuages, laquelle dé termine la propre rotation des vents supérieurs et modifié l'en semble des phénomènes atmosphériques. *Comptes rendus de l'Académie des sciences de Paris.* 1864, vol. LVIII, p. 269-272 *Annuaires de la Société météorologique de France.* 1864. vol. XII p. 209-214.

(2) ARISTOTE. — *Meteorologicorum;* traduit en Français avec des notes perpétuelles, par Barthélemy Saint-Hilaire. Paris, 1863. Voir la Table.

(3) THÉOPHRASTE. — Eresii Theophrasti qua supersunt Opera et excerpta Librorum quatuor tomis comprehensa Jo. Gottob Schneideri. Lipsiae. 1818-21, 5 vol. in 8º.

(4) LAMARCK. — Annuaire météorologique. Paris. An x, nº 3, p. 149 ; an xi, nº 4, p. 126 et 128 ; an xii, nº 5 p. 159.

(5) HOWARD (Luke). — Essay on the modifications of clouds, etc. Lu à la société Askesian de Londres de 1802 à 1803, et publié dans le *Tilloch's Philosophical Magazine.* London 1803, vol. XVI, p. 97-107, 344-357 ; vol. XVII, p. 5-11 et Pl. VI, VII. et VIII du vol. XVII. *Gilbert, Annalen,* 1805, vol. XXI, p. 137. Avec quelques changements qui n'affectent point sa nomenclature dans *Rees*

Cyclopædia. London. 1819, vol. VIII, Art. *Cloud*; — *Nicholson's Philosophical Journal*, London, 1812, vol. XXX, p. 35-62, sans planches; — *Supplement to the Encyclopædia Britanica.* London. 1824, vol III, p. 202-205, Art. *Cloud*, avec planche et quelques nouveaux termes vulgaires de Forster que Howard a rejetés ; — *Howard's The climate of London.* London, 1818, vol. I, p. xxxii, vol. II, 328-346; 3e édition. London, 1833, vol. I. p. xxxix.-lxxii. — Publié à part et sans planches. London 1832, in 8° de 39 pages; réimprimé en 1864 in-4 avec planches.

(6) Poey (A). — Instructions pour servir à l'observation des nuages, des courants inférieurs et supérieurs de l'atmosphère; suivies de considérations synthétiques sur la nature, la constitution et la forme des nuages. — *Annuaire de la Société météorologique de France.* 1865, vol. XIII, p. 85.

(7) Forster (Thomas J. M.) — Researches about atmospheric Phœnomena. London. 1815, 2e édition, p. 1-113; Id. 1823, 3e édition, p. 1-113. Dans sa première édition de 1813, il n'est point question de la classification de Howard ; — Untersuchungen über die Wolken und andere Erscheinungen in der Atmosphäre. Aus. de Franz. 2te Augl. Leipzig, 1819.

(8) Müller (Adam). — Ueber den Howard'schen Versuch einer naturgeschichte der Wolken. — *Gilberts'Annalen der Physick.* 1817, vol. LV. p. 102; — *Bibliothèque de Genève.* 1817, vol. v, p. 6-12.

(9) KAEMTZ. — Lehrbuch der Meteorologie. Halae. 1831-36., vol. I. p. 377; Vorlesungen über Meteorologie. Halae. 1840; traduit en français par Ch. Martins. Paris. 1843 p. 115.

(10) Jesons (W. S) — On the Cirrous form of Cloud ; *Philosophical Magazine.* 1857, vol. XIV. p. 22-35 et trois diagrammes. — On the Forms of clouds; Id. 1858. vol. XV. p. 241-255 et 1 pl.

(11) Fitz-Roy (Amiral) — The Weather Book. London. 1863, 2e édit. p. 391. Pl. ix et x, traduit en français par Mac Leod.

(12) Poey (A.) — Sur deux nouveaux types de nuages observés à la Havane, dénommés Pallium (Pallio-cirrus et Pallio-cumulus) et Fracto-cumulus. — *Comptes rendus de l'Académie des sciences de Paris.* 1863, vol. LVI, p. 361 ; *Annuaire de la Société météorologique de France.* 1863, vol. XII, p. 53, plus étendu.

(13) Brandes (H. W.) — Untersuchungen zur Witterunzskunde. Leipzig. 1820, p. 385.

(14) Schubler (G). — Grundsätze der Meteorologie. Leipzig, 1849. Cinq planches.

(15) Ces planches, publiées séparément, ne font pas partie des

« Directions for Meteorological observations, adopted by the Smith-sonian Institution. » *Annual Report* for 1855, p. 234.

(16) VANEECHOUT. — Instructions nautiques, traduites de Maury's Sailing Directions. Paris. 1859. in-4° Pl. XVI.

(17) GOETHE. — Œuvres, traduites en français par Jacques Porchat. Paris (10 volumes in 8° cavalier). Vol. 1, p. 315. Œuvres scienti-fiques, analysées et appréciées par Ernest Faivre. Paris, 1862, p. 315.

(18) CALDAS. — Semanario del Reyno de Granada. Santa fé. febrero 5, 1809, n° 33, p. 37-40. La collection du Semanario a été réimprimée à Paris en 1849. Un volume in-8°.

(19) POEY (A.) — Voir aussi sur deux doubles arcs-en-ciel lunaires et colorés observés à Cuba ; Généralités sur ce phénomène. — *Comptes rendus de l'Académie des sciences de Paris.* 1862, vol. LV, p. 881. Sur l'existence des arcs surnuméraires à la Havane et sur les arcs-en-ciel observés en 1862. Id. 1863, vol. LVII, p. 109 ; *Annuaire de la Société météorologique de France.* 1863, vol. XI, p. 115, plus étendu.

(20) POEY (A.) — Constitution des Halos observés à la Havane et de leur rapport avec des phases de la lune. — *Comptes rendus de l'Académie des sciences de Paris.* 1859. vol. XLIX, p. 735 ; *Annuaire de la Société météorologique de France.* 1859. vol. VII, p. 193.

(21) HUMBOLDT. — Voyage aux régions équinoxiales. Paris, 1816., vol. II, p. 308.

(22) BRAVAIS. — Journal de l'École polytechnique. Paris, 1847, vol. XVIII, p. 1—280, et 4 pl.

(23) POEY (A.) — Huracan sufrido por el vapor *Galveston* el 15 de setiembre de 1859 cerca de Pensacola. *Diario de la Marina.* Habana, octubre 9 de 1859.

(24) BIOT. — Comptes rendus de l'Académie des sciences de Paris. 1855. vol. XLI, p. 1177 ; Mélanges scientifiques et littéraires, Paris. 1858. vol. III, p. 164-481.

(25) DOVE. — Il énonça en 1827 la loi de la rotation des vents et des ouragans dans le *Poggendorff's Annalen*. vol. XIII, p. 597. Il la développa en 1835 dans le même recueil, vol. XXXVI, p. 321, introduisant une modification capitale sur l'influence générale de la rotation de la terre, et enfin il refondit le tout dans ses *Meteorologische Untersuchungen.* Berlin, 1837, in-8°, p. 121-167, Voir aussi son *Repertorium der Physik*. Berlin, 1841, vol. IV. p. 179-192 ; son *Die Witterungsverhaltnisse von Berlin.* Berlin, 1842, et autres publications, telle que sa *Gesetz der Stürme* Berlin, 1866, 3ᵉ édit. ; traduite en français par le commandant

Le Gras. Paris, 1864. La loi de la rotation des vents avait été déjà pressentie depuis la plus haute antiquité, car on la trouve vague ment signalée dans l'*Ecclésiaste*, cap. 1, 5, 6; dans Aristote, Théophraste et autres auteurs anciens et modernes. Mariotte affirme que les vents, à Paris, font en 15 jours à peu près une révolution entière, soufflant successivement de toutes les parties de l'horizon, et qu'aux nouvelles et pleines lunes le vent est presque toujours Nord et Nord-Est. *Œuvres.* Leyde 1717, in-4°, vol. II, p. 346. Il serait de la plus haute importance, au point de vue des prévisions météorologiques, de vérifier soigneusement cette assertion de Mariotte (Poëy).

(26) BUYS-BALLOT. — Annuaire de l'Institut royal météorologique des Pays-Bas pour 1857; Comptes rendus de l'Académie des sciences de Paris. 1857, vol. XLV, p. 640 et 765.

(27) MAURY. — Physical Geography of the Sea and its Meteorology. London, 1864; traduite en français par Terquem. Paris. 1861. et par Zurcher et Margollé. Paris. 1865.

(28) POEY (A.) — On a new form of Cloud. *Nature.* London, october 19, 1871. vol. IV, n° 103, p. 489, et figures.

(29) POEY (A.) — Sur l'inversion diurne et nocturne de la température jusqu'aux limites de l'atmosphère et sa répartition de l'horizon au zénith. — *Comptes rendus de l'Académie des sciences de Paris.* 1865, vol. LX, p. 64-68.

(30) PICTET (Marc-Aug.). — Essai sur le feu. Genève, 1790, p. 179, traduit en allemand. Tübingen. 1790; reproduites dans la *Bibliothèque de Genève.* 1817, vol V, p. 300, accompagnées d'une explication graphique des phénomènes observés. Deluc (Jean A.). Lettres physiques et morales, etc. La Haye. 1779, vol. V, p. 561. Pictet, Journal de physique de De la Metherie, 1793, vol. XLII. p. 78.

(31) SIX (James.) — The construction and use of a Thermometer, etc. Maidstone. 1794, p. 26. Posthumous Works. Cantorbury. 1794.

(32) MARCET (F.). — Mém. de la Soc. de Phys. et d'Hist. nat. de Genève, 1839. vol. VIII, part. II, p. 315; Bibl. univ. de Genève. 1846, vol. III.; Comptes rendus de l'Académie des sciences de Paris. 1861, vol. LIII, p. 853; Bibl. univ. de Genève. 1861, vol. XII, p. 267; id., 1863, vol. XVI, p. 271; id., 1863. vol. XVII, p. 232; Mém. de la Soc. de phys., etc., de Genève. 1863, vol. XVII, p. 254.

(33) BRAVAIS (A.) — Comptes rendus de l'Académie des sciences de Paris. 1850. vol. XXX, p. 697.

(34) ROZET (Claude A.). — Comptes rendus de l'Académie des sciences de Paris. 1854, vol. XXXVIII, p. 666.

(35) MARTINS (Charles). — Comptes rendus de l'Académie des sciences

de Paris. 1860, vol. LI, p. 1083; Id., 1862, vol. LIV, p. 1271. Mémoires de l'Académie des sciences de Montpellier. 1861, vol. V, p. 47. Bibliothèque de Genève. 1862, vol. XIV, p. 250.

(36) PREVOST (Pierre). — Du calorique rayonnant. Paris et Genève, 1809, p. 383.

(37) TYNDALL (John). — Heat considered as a mode of motion. London, 1863; traduit par l'abbé Moigno. Paris, 1864.

(38) MAGNUS (H. G.). — Poggendorff, Annalen der physik. 1863, vol. CXVIII, pp. 575-588; 1864, vol. CXXI, pp. 174-186.

(39) TYNDALL. — Ouvrage cité, p. 390 de l'édition anglaise ou 385 de la traduction française; *Phil. Trans.* 1863, p. 1-12.

(40) POËY (A.). — Annuaire du Cosmos pour 1861, pp. 407-502.

(41) POEY (A.). — Annuaire du Cosmos pour 1862, pp. 559-582.

(42) FOURIER. — Théorie analytique de la chaleur. Paris, 1822, vol. in-4°; Mémoire de l'Académie des sciences de Paris. 1819, vol IV, p. 185; Id., 1822, vol. V, p. 153; Id., 1825, vol. VIII, p. 581; Annales de Chimie, etc., 1816, vol. III, p. 350; Id., 1828, vol. XXXVII, p. 291.

(43) LESLIE (John). — Experimental Inquiry into the Nature and Properties of Heat. London, 1804, in-8°.

(44) FOURIER. — Annales de Chimie, etc., 1817, vol. IV, p. 128 et vol. VI, p. 259; 1824, vol. XXVII, p. 236; 1825, vol. XXVIII, p. 337.

(45) PELTIER. — Mémoires des savants étrangers de l'Académie des sciences de Bruxelles. 1847, vol. XIX, pp. 9-69; Bulletin de l'Académie des sciences de Bruxelles, 1843, vol. X, part. I, pp. 201 et 318; Archives de l'électricité. Genève, 1844, vol. IV, p. 173; Dictionnaire d'Histoire naturelle de d'Orbigny. Paris, 1844. vol. V, art. *Foudre*; Sur la formation des Trombes. Paris, 1840; Vie et travaux de J. C. A. Peltier, par son fils. Paris, 1847.

(46) POEY (A). — Analyse des hypothèses anciennes et modernes qui ont été émises sur les éclairs sans tonnerre, par un ciel parfaitement serein ou dans le sein des nuages, etc. — *Annuaire de la société météorologique de France.* 1855. vol. III, pp. 317-380.

(47) POEY (A). — Analyse des hypothèses anciennes et modernes qui ont été émises sur les tonnerres sans éclairs, etc. — *Annuaire de la société Météorologique de France.* 1856, vol. IV, pp. 113-141.

(48) COULOMB. — Mémoires de l'Académie des sciences de Paris. 1785, p. 578; 1786, p. 67; 1787, p. 421; 1788. p. 617; 1789, p. 455.

(49) RIESS. — Die Lehre von d. Reibungs-Elektricität. Berlin, 1853, 2 vol. in-8.; De la Rive, traité d'électricité théorique et pratique. Paris, 1856, vol. II, p. 91.

(50) DOVE. — Repertorium der Physik. Berlin, 1841, vol. II, p 44;

Poggendorff's Annalen. 1835, vol. XXXV, p. 379; Archives de l'électricité. Genève, 1841, vol. II, p. 52.

(51) LAPLACE. — Traité de mécanique céleste. Paris, 1829-1839, 2e édit., vol. II, livre III, p. 37.

(52) POISSON. — Mémoires de l'Institut. 1811, vol. XII, p. 1 et 163 ; Mémoires de l'Académie des sciences. 1818, vol. III, p. 121 ; Bulletin de la société Philomatique, 1821.

(53) PLANA. — Mémoires de l'Académie des sciences de Turin. 1845, vol. VII, p. 71-401 ; 1857, vol. XVI, pp. 57-405.

(54) PELTIER. — Sur la formation des Trombes. Paris, 1830, pp. 78-88.

(55) BOZE. — Mémoires de l'Académie des sciences de Paris. 1745, pp. 119-133.

(56) NOLLET (l'abbé). — Mémoires de l'Académie des sciences de Paris. 1748, pp. 172-475 ; Recherches sur l'électricité. Paris, 1749, p. 312.

(57) POEY (A). — Moore's Rural New-Yorker. 1870, vol. XXI, numéros du 29 janvier, 26 février, 9 avril, 21 mai, 4 et 11 juin.

(58) POEY (A). — Annual Report of the Smithsonian Institution for 1870. Washington.

(59) NAILL. — Annual Report of the Smithsonian Institution for 1858. Washington, p. 425.

(60) SECCHI. — Comptes rendus de l'Académie des sciences de Paris. 1872, vol. LXXV, p. 613.

(61) MARTINS. — Cours complet de météorologie de Kaemtz, traduit par Charles Martins. Paris, 1843, pp. 116-117.

(62) SILBERMANN. — Comptes rendus de l'Académie des sciences. 1872, vol. LXXIV, pp. 553, 638 et 959.

(63) HUMBOLDT. — Cosmos. Traduit par Faye. Paris, 1847, première partie, p. 408.

(64) HENNESSY (Henry). — On the influence of the Gulf-Stream on the Winters of the British Islands. — *Proceedings of the Royal Society of London*. 1857-59, vol. IX, pp. 324-328 ; voir aussi *The Atlantis*. 1859, vol. II, p. 208 ; *Phil. Mag.* 1859, vol. XVII, p. 481 ; *Silliman's Journal*. 1859, vol. XXVII, p. 316.

(65) POEY (A.) — Voir entre autres écrits, où je présente de nouveaux faits sur les prévisions dans les hautes latitudes, ma « Lettre à Marié-Davy sur l'étendue des ouragans cycloniques depuis l'équateur jusqu'aux latitudes de l'Europe ». — *Bulletin international de l'Observatoire de Paris* du 26 janvier et 16 février 1861. En extrait.

(66) The Potato disease. — *Nature*. Septembre 12, 1872 p. 389.

(67) James Woods. — Elements and influence of the weather. London, 1861, p. 13.

(68) Knights (Charles). — Material Progress of British India. *Companion Almanack* for 1857.

(69) Mackenzie (Lieut. George). — Elements of the cycles of the winds, weather and prices of Corn. 1846. Dernière publication de l'auteur.

(70) Hugo (Comte Abel). — Mémoire sur la période de disette qui menace la France. Paris, 1853, in-8º de 30 p.

(71) Howard (Luke). — Tables of the variation through a cycle of nine years; of the mean height of the barometer, mean temperature, and depth of rain, as connected with the prevailing winds, etc. *Proceedings of the Royal Society.* 1840, vol. IV, pp. 226-227. — On a cycle of eighteen years in the mean annual height of the barometer in the climate of London, etc. *Proceedings of the Royal Society.* 1841, vol. IV, p. 300; *Philosophical Transactions.* 1841, pp. 277-280. — A cycle of eighteen years in the seasons of Britain; deduced from meteorological observations made at Ackworth, in the West riding of Yorkshine, from 1824 to 1841; compared with others before made for a like period (ending with 1823) in the vicinity of London. Ridgway, 1842, in 8º. Reproduit dans ses *Papers on Meteorologie*, etc. London, 1854, part. I, p. 46-68. Voir aussi part. II, p. 19, 23, 39, 43. — Cycles of temperature, etc. *Seven Lectures on Meteorologie.* London 1843, p. 46.

(72) Toaldo. — Del ritorno degli anni stravaganti. Venezia, 1772 ; Grisellini, *Giornale d'Italia.* Juillet 1772. Complété dans son Saggio meteorologico della vera influenza degli astri sulle stagioni e mutazioni del tempo. Padova, 1770, in-4º, 3e édit. 1797. Voir la traduction française de Daquin. Chambéry. 1784, p. 239 ; *Giornale astro-meteorologico dell anno* 1777 et 1780, Padova (ce journal, qui comprend 25 volumes in-12 de 1773 à 1798, contient une masse d'observations très-peu connues de nos jours). Le Saros météorologique ou Essai d'un nouveau cycle pour le retour des saisons. *Journal de Physique.* 1782, t. XXI, p. 176-189. Voir la réfutation des cycles de Toaldo et de Mackenzie par Hutchison dans son Treatise on the cause and principles of Meteorogical Phenomena. Glascow, 1839, p. 382.

(73) Salle (Antoine). — Sur les hivers mémorables qui se correspondent en différents siècles, suivant une période de 100 à 101 ans, ou ses multiples. Dijon, an XII, in-4º de 6 p.

(74) Fouchy. — Le Théâtre d'Agriculture et mesnage des champs. Paris, an XIV (1805), p. 75. Voir *Nadault de Buffon*.

(75) RENOU. — Périodicité des grands hivers. — *Comptes rendus.* 1860, vol. L, p. 97 ; vol. LII, p. 49. Avec plus d'étendue dans *l'Annuaire de la Société météorologique de France.* 1861,vol.ix,p.19-39.

(76) GLAISHER (James). — On the Reduction of the thermometrical Observations made at the Apartments of the Royal Society, from the years 1774 to 1781, and from the years 1787 to 1843. — *Philosophical Transactions.* 1849, part. I, p. 307-318; 1850, part. II, p. 569-607. Voir la déduction de sir John Richardson dans sa note : « The Climatology of Arctic America in reference to the fate of Sir John Franklin. » — *Jameson's Edinburg Philosophical Journal.* 1852, vol. LII, p. 180.

(77) TASTES. —Annales de la société d'agriculture, etc., du département d'Indre-et-Loire. Tours, 1869, vol. XLVIII, p. 1872; 1870, vol. XLIX, p. 246.

(78) DEVILLE. — Comptes rendus. 1871, vol. LXXII, p. 873.

(79) MACKENZIE. — The System of the Weather of the British Islands; discovery in 1816 and 1817, from a journal commencing november 1802. Edinburgh. 1818, in 4° ; — Primary cycle of the Winds. 1819 ; — The system of the Weather in the British Islands. 1821. A Brief account of the cycle of the lunes. Perth, 1821, in-8°; — Elements of cycles of the Winds, Weather and Price of Corn. 1846 ; dernière publication. Voir aussi Elements and Influence of the Weather. Defence of the cycle of the seasons, etc., by James Woods. London, 1861, in-8°. Voir la période de 54 ans.

(80) COMTE (Auguste). — Cours de Philosophie positive. Paris, 1854, vol. I, p. 54. et suiv.

(81) ARAGO. — Est-il posssible, dans l'état actuel de nos connaissances, de prédire le temps qu'il fera à une époque et dans un lieu donnés ? Peut-on espérer, en tout cas, que ce problème sera résolu un jour ? — *Annuaire du Bureau des longitudes.* 1846, p. 576 ; — *Œuvres*, vol. VIII ; Notices scientifiques, t. V, p. 2.

(82) HUMBOLDT. — Cosmos. Traduit par Faye. Paris, 1847. Première partie, p. 406.

(83) MYER (Albert-J.) — Annual Report of the chief signal officer to the Secretary of war for the fiscal year ended June 30, 1871. Washington, 1871, in-8° de 172 pp., 19 pl. et gravures intercalées.

(84) BUYS-BALLOT. — Les changements périodiques de température, dépendant de la nature du soleil et de la lune, mis en rapport avec le pronostic du temps. Utrecht, 1847. Progrès futur de la divination du temps,

(85) BIOT. — Recherches sur l'ancienne astronomie chinoise. — *Journal des savants.* 1840, p. 36.

(86) ADHEMAR. — Révolutions de la mer. Déluges périodiques. Paris, 1860, 2ᵉ édit.

(87) POEY (A.) — Sur la loi de l'évolution similaire des phénomènes météorologiques. — *Comptes rendus de l'Académie des sciences de Paris.* 1871, vol. LXXIII, p. 844-848.

(88) LOOMIS — Silliman, Journal of Science. 1841, vol. XLI, p. 325.

Pour ceux qui douteraient toujours de l'existence des deux couches de nuages qui donnent naissance aux orages électriques, aux pluies continues, à la chute de la neige, de la grêle, de la foudre, etc., voici d'autres faits observés dans deux ascensions en ballon : l'une par Testu, le 18 juin 1786, à Paris, et l'autre par John Wise, le 3 juin 1852, à Portsmouth, Ohio. Testu se trouva plongé dans deux nuages, dont le supérieur, froid et neigeux, fit descendre son thermomètre à cinq degrés, tandis que dans le nuage inférieur il ressentit une impression de pluie et un froid moins intense. Pendant plus de 3 heures il éprouva un mouvement continuel d'ascension et d'abaissement provenant d'une attraction et d'une répulsion électrique entre les deux nuages. En descendant dans le nuage inférieur de pluie, il aperçut à l'extrémité d'une pointe, placée sur la gondole, une aigrette lumineuse, et un point lumineux lorsqu'il était enlevé dans le nuage de neige supérieur. Wise affirme que les orages électriques sont formés de *deux couches*, dont la couche supérieure décharge sur la couche inférieure tout son contenu : pluie, grêle, neige, éclairs, etc. Le tonnerre et la foudre se produiraient au contraire de bas en haut. Ces deux couches, dont la supérieure est plus froide que l'inférieure, se trouvaient à une distance de 2,000 pieds anglais.

En dehors des influences solaires, citées plus haut, De la Rue, Steward et Loewy ont trouvé une certaine connexion entre les taches du soleil et la position qu'occupent dans l'espace Vénus et Mercure. Ils n'ont pas encore pu découvrir aucune influence à l'égard de Jupiter. Ainsi les rapports intimes qui semblent exister entre les phénomènes solaires et les phénomènes terrestres, s'étendraient en même temps aux autres planètes de notre système.

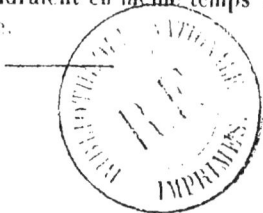

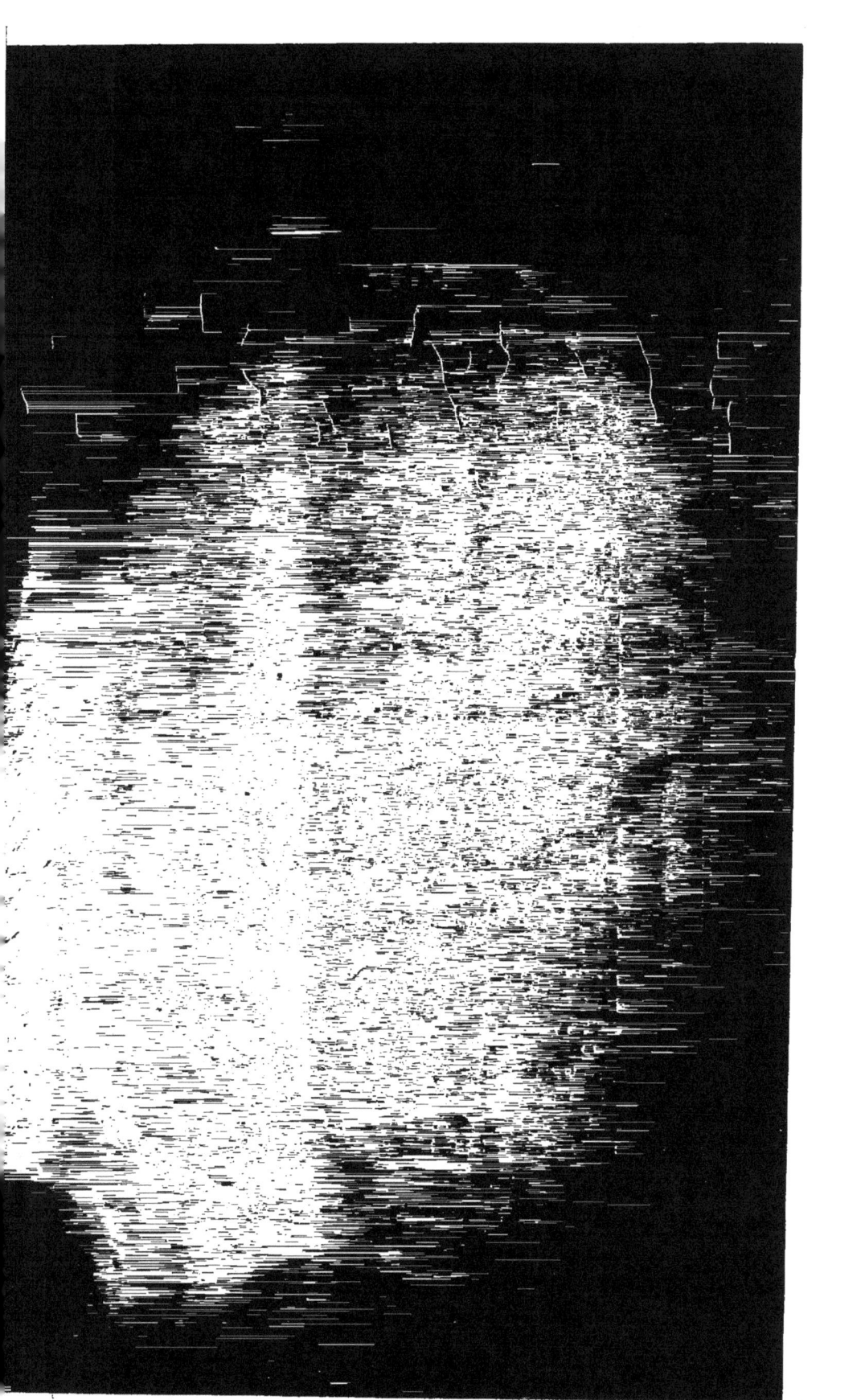

LIBRAIRES

CHARGÉS DE LA VENTE DES PUBLICATIONS
Du Dépôt de la Marine.

PARIS. — Challamel aîné, 30, rue des Boulangers, et 27, rue de Bellechasse ;

ET CHEZ SES REPRÉSENTANTS :

DUNKERQUE. — Mme Théry, successeur de Veuve Lancel.

DIEPPE. — Quesnel.

FÉCAMP. — Mme Guitard.

LE HAVRE. — Debrie.

ROUEN. — A. Le Brument.

HONFLEUR. — Mlle Caillot.

CAEN. — Kaeppelin.

CHERBOURG. — Le Poittevin.

GRANVILLE. — Mlle Dufruit.

SAINT-MALO. — Coni-Beaucaire.

SAINT-SERVAN. — Mme Derrion.

SAINT-BRIEUC. — L. Prudhomme.

BREST. — J.-B. et A. Lefournier frères.

LORIENT. — Eug. Grouhel.

NANTES. — Mme Veloppé, successeur de Mlle Forest.

SAINT-NAZAIRE. — Mme Blanchet.

LA ROCHELLE. — Thoreux.

ROCHEFORT. — Valet.

BORDEAUX. — Chaumas-Gayet. — Sauvat.

BAYONNE. — Cazals.

CETTE. — Singlard.

MARSEILLE. — Trabaud et Rabier neveu.

TOULON. — Rumèbe.

ALGER. — Adolphe Jourdan.

SABLES-D'OLONNE. — Mayeux.

BOULOGNE-SUR-MER. — Maquet.

Paris.-Imp. PAUL DUPONT, 41 rue Jean-Jacques-Rousseau.